组织单位　中国林产工业协会中式家具专业委员会
监督单位　中国消费者协会投诉部

U0237409

中国红木家具消费指南

China Hongmu Furniture Consuming Guide

纪　亮　蒋劲东　主编

李　韵　张仲凤　副主编

刘吉利　段　芬

中国林业出版社

China Forestry Publishing House

图书在版编目（CIP）数据

中国红木家具消费指南 / 纪亮，蒋劲东主编．
－－ 北京：中国林业出版社，2018.5

ISBN 978-7-5038-9470-1

Ⅰ．①中… Ⅱ．①纪… ②蒋… Ⅲ．①红木科 – 木家
具 – 基本知识 – 中国 Ⅳ．① TS664.1

中国版本图书馆 CIP 数据核字 (2018) 第 049069 号

责任编辑：李 顺 樊 菲 陈 惠

出 版 中国林业出版社
　　　（100009 北京西城区德内大街刘海胡同 7 号）
网 址 www.lycb.forestry.gov.cn
发 行 中国林业出版社
电 话 （010）83143610
印 刷 北京利丰雅高长城印刷有限公司
版 次 2018 年 5 月第 1 版
印 次 2018 年 5 月第 1 次
开 本 1/16
印 张 13
字 数 300 千字
定 价 80.00 元

组织机构

专家

顾　　问：王　满（中国林产工业协会　会长）
石　峰（中国林产工业协会　秘书长）
胡景初（中南林业科技大学　教授/博导
中国高等教育家具设计专业　创始人）
方崇荣（浙江省林产品质量检测站/红木研究会　专家委主任/教授级高工
《红木》新国标　主审人）
朱志悦（中国林产工业协会中式家具专业委员会　执行会长）
主　　审：赵广杰（北京林业大学　教授/博导）
杨金荣（江苏工美红木文化艺术研究所　所长
江苏省"精细木作工艺"国家非物质文化遗产　代表性传承人）
周京南（故宫博物院　研究员）
李英健（广西大学教授　知名红木专家）
郭　琼（华南农业大学材料学院　教授）

编委

主　　编：纪　亮（中国林产工业协会中式家具专业委员会　秘书长）
蒋劲东（浙江省木雕红木家具产品质量检验中心　主任）
副　主　编：李　韵（中国林产工业协会中式家具专业委员会　副理事长）
张仲凤（中南林业科技大学家具与艺术设计学院　教授/博导）
刘吉利（广西红木家具协会　副会长）
段　芬（浙江省家具与五金研究所　高工）
策　　划：纪　亮　樊　菲
编　　委：罗耀民　张光品　肖荔清　刘文金　骆嘉言　吴盛富　楼诚龙　徐伟涛　张文强　田燕波
杨明霞　马清竹　陈旭东　万少君　袁进东　牛晓霆　张承志　马海军　徐荣桃　伍建波
杨　威　周　奔　陈华平　樊　菲　陈　惠　袁维玭　胡　旭　沈华杰　赵　觅　朱　君

单位

组织单位：中国林产工业协会中式家具专业委员会
协办单位：北京大国匠造文化有限公司
监督单位：中国消费者协会投诉部
支持单位：浙江省木雕红木家具产品质量检验中心
浙江省林产品质量检测站
浙江省红木研究会
国家材种鉴定与木材检疫重点实验室（张家港出入境检验检疫局）
中南林业科技大学中国传统家具研究创新中心
《雅居》杂志
北京阅木悦木艺术品鉴定中心有限公司

序 言

2013 年，我所在的中国林产工业协会与中国消费者协会联合发布了《中国红木消费指南》。在当时风起云涌的红木市场大潮中，这本小册子起到了一定的正本清源的作用。5 年后，纪亮、蒋劲东等同仁又编纂了这本《中国红木家具消费指南》，从消费者的角度，对红木应用的终端产品即家具，进行了全景式的学术阐述，取精用弘，旁征博引，细致入微，非常系统、全面和具体，是一本新时代的红木家具行业的工具性好书。

其实，红木本身就是一本书，故事性很强。作为以实用属性为主的居家用品，家具一旦与红木牵扯到一起，其文化味道骤然彰显，在历史上演化出许许多多的爱恨情仇，也引得不少文人骚客的关注和探微。

但是，真正理性的、以全球生态视野、从文明道德层面，应用、研读红木这本"大书"，尚是近 20 年来的事。2000 年，国家正式颁布了《红木》标准，5 属 8 类 33 种木材被列入"红木"的范围，促使红木行业进入历史上最繁荣的时期。红木市场洪流滚滚，人声鼎沸，泥沙俱下，波诡云谲，好不热闹。为了进一步规范秩序，《红木》标准的修订提上了议程。从 2014 年起，我在北京、上海、东阳、中山和莆田等地连续参加了多次红木方面的会议，聆听了很多激烈而坦诚的争讨。就《红木》标准入围的数量而言，"不变说"认为，红木是一种文化传承，应有可比性和延续性，保持历史的一致性；"减少说"认为，既然某些木材非常稀有且被列为禁采目录，在应用标准中就应当剔除；"扩大说"则认为，近年来从域外涌入的一些木材与红木非常相似，甚至某些指标高于原有红木，理应增补到新的标准之中。修订的结果是"减少说"占了上风，红木品种降为 29 种。

2017 年底，颁布的《红木》新国标，尽管有所取舍，但仍被看作是一种妥协的产物，其间争讨过程中的衍生效应意义深远。我感觉，有两点共识非常正能量。一是尊重木材。与一般树木相比，红木虽然来源于可再生的树种，但是因其生长周期漫长，动辄上百年甚至几百年，对当代人来讲，我们消耗的是祖辈的余荫，透支的是子孙的未来，故而应当倍加珍惜。二是矢志创新。红木家具在明清两代登上顶峰，其型制、工艺和样式是模板，也是窠臼。在波澜壮阔的当代中国，面对琳琅满目、丰富多彩的社会需求，迫切需要从业者们发挥聪明才智，与时俱进，探讨新用途，研磨新技法，设计新样式，融汇新材料，创造出属于我们这一代的、让后代膜拜的"共和国红木家具"模板。

市场的取舍是最好的导师。对于芸芸百姓来说，大家各有自由的选择。在这里，我们建议红木制品应当受到青睐。因为，扬弃掉炫富的虚荣，红木确实洋溢着历史的积淀，文化的传承，时代的美感。

盛世收藏，尊崇红木。

王满

中国林产工业协会 会长

前 言

2000 年，《红木》国家标准（GB/T 18107-2000）正式出台，"红木"被定义为"5 属 8 类 33 种"名贵深色硬木的统称；到了 2017 年，《红木》新国标（GB/T 18107-2017）的修订，又把种类改为了 29 种；不管标准如何修改，"红木"都是中国独有的概念和文化。当百年洗礼成材的名贵红木，遇到了秉承千年文化底蕴的中式家具，形成了中国特有的红木家具文化，这是文化与材料的完美结合，红木升华了家具，也创造了一个时代。

2000~2015 年，红木家具产业突飞猛进，在国内形成了诸多红木家具产区，如：河北大城、浙江东阳和义乌、福建仙游、广东中山、广西凭祥、云南瑞丽等。然而，2015 年市场突然进入寒冬，一方面，很多厂家经营惨淡、纷纷倒闭，究其原因，在产能过剩的背景下，出现红木家具的材料虚假、款式杂乱、工艺粗糙、文化缺失等现象，多国红木的限制出口更是让很多企业雪上加霜。另一方面，由于缺少相关的规范化管理与指导，面对玲琅满目的商品，消费者往往陷入无所适从的茫然境地，选购家具的时候谈"红"色变，普遍反映"红木水深""真假难辨""款式老土""鉴定无门"等问题。红木家具行业，一下子被推到了转型升级的岔路口，谁都无法逃避淘汰和洗牌的趋势，优胜劣汰、适者生存的市场规律正在发挥作用。

2017 年下半年，恰逢国内消费升级的浪潮，也紧扣《红木》新国标的修订，纪亮、蒋劲东等同仁组织行业专家编撰了《中国红木家具消费指南》一书，想为红木家具市场带来一些新的改变。本书结合当前的市场环境，针对红木家具消费的痛点，以消费者的视角，不仅对红木家具本身的历史文化和"型材艺韵"进行了详细的介绍，还对红木家具的产地、品牌、选购、甄别、鉴定、养护、收藏、鉴赏、搭配等方面做了相关指导，系统地整合了中国红木家具的相关内容，作为送给中国红木家具消费者的一本经典入门读物，虽然基础，但是通俗、全面、实用。

站在协会的角度上看，中国林产工业协会中式家具专业委员会本着弘扬中国传统文化，提升文化自信；传承工匠精神，培养专业人才；增强时代特色，融合创新发展；引导行业良性发展，保护消费者权益的社会责任，以为行业提供最新、最权威、最专业的指导为目标，率先出品了《中国红木家具消费指南》一书，填补了行业空白，此举意义重大。

中国林产工业协会 秘书长

品牌方阵

  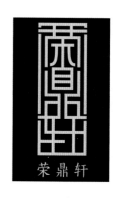

支持品牌：浙江王斌装饰材料有限公司（古佰年）
东阳市御乾堂宫廷红木家具有限公司（御乾堂）
东阳市荣轩工艺品有限公司（荣鼎轩）
义乌市至尊宝红木家具有限公司（至尊宝）
凭祥市吉利红木家具厂（吉利）
中山市波记家具有限公司（波记）
廊坊陶然居红木家具有限公司（陶然居）
斯可馨新中式研究中心
私人藏家 周奔

目录

CONTENTS

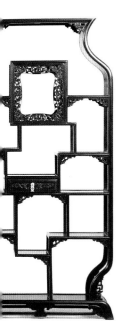

组织机构
序　言
前　言
品牌方阵

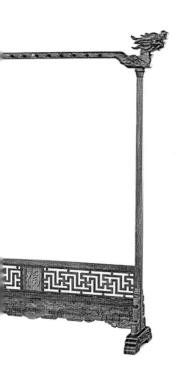

第二章　红木家具——珍贵的材质

第三章　红木家具——精美的造型

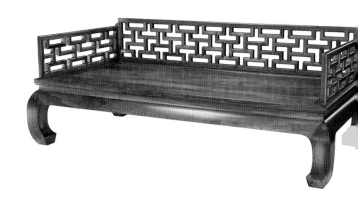

第六章　红木家具——产地及品牌

第七章　红木家具——选购与养护

第八章 红木家具——收藏与陈设

附 录

第一章

红木家具——传统的文化

第一节　中国家具的历史

中国传统家具拥有着悠久的历史，它肇始商周，发乎魏晋，传于隋唐，成于宋元，盛于明清。每一个时代的家具，都凝聚着特定历史时期的艺术风格和工艺水平，展现着当时人们的生活风貌和审美情趣，是一个时期独特而宝贵的文化符号。

伴随着中国人起居方式的变化，中国传统家具从"席地而坐"的矮型家具，走向"垂足而坐"的高型家具，品类不断丰富，体系日益完备，工艺渐臻精湛，不仅创造了令人叹为观止的造物传奇，更书写了灿烂辉煌的家具文化，成为中国人引以为傲的历史文化遗产，于世界家具之林中光彩熠熠。

一、萌芽期——席地而坐的家具

1. 夏、商、周——礼器兼具家具功能

人类发展到夏、商、周时期，早已改变了洞穴生活方式。商代更是进入了青铜文明时期，祭祀活动盛行，礼器也就成为了当时社会生活中最重要的器物，其中一部分兼具置物、储存等功能，可以视为中国传统家具的雏形。这一时期出现的主要家具类型是席、俎、禁、几、扆。

俎，是切肉用的砧板，也是供人宰牲和放置祭品的器具，它是几案家具的雏形；禁，供人放置酒器的台子，它是箱柜家具的雏形；扆，用于隔断的天子专用器具，也叫斧扆；还有陈馔的梜等礼器。这些礼器中很多都是青铜铸成，包括青铜俎、青铜禁等，虽然当时社会的政治属性极其特殊，但其实际的使用功能与家具无二。因此，此时期的礼器无疑是家具的始祖。与此同时，商代出现了较成熟的髹漆工艺，青铜家具也应用了丰富的纹样装饰，包括饕餮纹、云雷纹、蝉纹等，使其显得十分庄重和神秘，造型优美、工艺精湛。

2. 春秋、战国——家具彰显实用价值

春秋战国时期，由于政治制度的改革，奴隶社会的崩溃，让家具不再仅仅是为神鬼、为王权服务的工具，开始了为人所用的新阶段。此时，无论是技术、工具，还是髹漆工艺都出现了

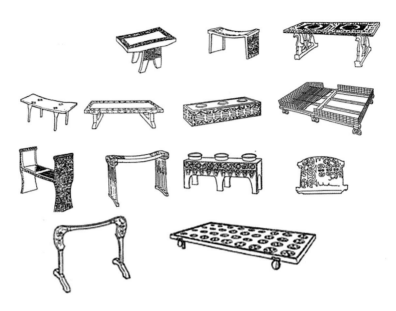

△ 图1-1 夏商周、春秋战国时期的家具

新的成就，人文思想得以启发，各区域文化交流融合，家具制造得到了较大发展。这一时期的主要家具类型是床、几、案、屏风等。

有关床的实物最早见于河南信阳战国楚墓的彩绘大床，床的出现是人类生活进步的标志。但是，人们还保持着席地而坐的习惯，几、案家具都比较低矮。屏风的造型、装饰较上一时期更为精美。在战国时期还大致形成了中国家具重要的榫卯结构，这给家具的制造发展带来了极大的便利。这一时期的家具大部分以髹漆装饰，也运用了雕刻、镶嵌等装饰手法，造型更为精致美观。

3. 秦、汉——家具出现等级制度

秦始皇灭六国完成统一大业，建立了第一个中央集权的封建制国家，一系列改革措施的推行，使国家在政治、经济和文化等各个方面都达到了一个全新的高度。秦代之后的汉代，迎来了封建制度建立后较长一段的平稳发展时期，形成了中国封建社会的第一个鼎盛时代。汉代时漆木家具在继承战国漆饰的基础上，也进入一个全盛时代，不仅种类多、数量大，而且装饰工艺也有较大的发展，汉代家具的主要特征是彩绘的漆饰。

秦汉时期人们仍然是席地而坐，矮型家具发展较快，室内生活以床、榻为中心。汉代的床体较大，兼具坐卧功能，有的上设屏风，有的上设幔帐。几案家具不仅用来摆放物品，也可用来凭依，种类繁多，装饰华美。东汉时期西域的胡床传入中原，带来了生活方式的改变。胡床是可以折叠的坐具，便于携带，以后发展成了马扎、交椅等，它带动了家具整体从矮型向高型的转变。

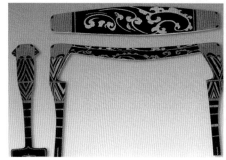

🔺 图1-2　湖南长沙马王堆汉墓出土的漆木家具

二、过渡期——从席地而坐到垂足而坐的家具

1. 魏晋、南北朝——从席地而坐到垂足而坐

魏晋、南北朝时期是中国封建社会历史上大动荡、大分裂持续最久的时期，这个时期，社会产生巨大的变革，直接影响到人们的生活方式和家居环境。人们仍然保持着跪坐的生活习惯，出土文物中大量的人形青瓷、墓内画像反映了这种现象。但也存在着踞坐等较为轻松的坐姿，促使了新型高足家具的出现。

低矮型家具向高坐型家具过渡和交替使用，是魏晋、南北朝时期家具的主要特征。这一时期延续了秦汉时期以床榻为起居中心的生活方式，但是床榻高度增加，人们可以坐在床榻上，也可以垂足坐于床榻边沿，床榻上出现了依靠的隐囊和凭几。床也成为了装饰的重点，可以加帐和可拆卸的矮屏。由于西北的少数民族进入中原，民族的融合和文化的交流，使自东汉末年传入的胡床逐渐普及到民间。同时还出现了一些新型的高型坐具，如筌蹄、方凳、椅子、长杌、筥等，这些家具对当时人们的起居习惯与室内陈设有一定影响，为唐代以后全面使用高型家具奠定了基础。

2. 隋唐、五代——盛世下的华美家具

隋唐时期，政治开明，经济繁荣，文化发达，外交频繁，各族人民共同创造了辉煌灿烂的中华文化，"贞观之治"带来了社会的稳定和文化上的空前繁荣，唐代时的中国，俨然是世界上

▲ 图1-3 东晋 顾恺之《女史箴图》中的家具

▲ 图1-4 北齐 杨子华《北齐校书图》中的家具

◀ 图1-5 唐代 佚名《宫乐图》中的家具

◀ 图1-6 南唐 顾闳中《韩熙载夜宴图》
中的家具

最强盛的国家。此时的家具以雍容华贵为美，带有繁复髹饰，显出浑厚、丰满、稳重的特点。

这一时期出现的家具种类增多，按功能可分为坐卧类，如凳、椅、床、榻等；承物类，如几、案、桌等；储物类，如箱、柜、笥等；屏架类，如屏风、衣架等。高矮型家具并存，由低矮型向高型发展，结构和工艺水平提高，造型和装饰逐渐完美，组合家具开始出现。唐代家具漆饰华美，造型宽大舒展，带有螺钿、金银绘、雕刻装饰；五代家具则多借鉴中国古建筑的木结构，多采用框架式结构造型，变得简洁朴实，线条流畅，取代了唐代的繁缛。这影响了后期中国传统家具结构的发展与成熟，为宋代家具风格的形成奠定了基础。

三、成熟期——垂足而坐的家具

1. 宋——高型家具体系成熟

宋代是我国家具史上的重要发展时期，也是垂足而坐完全取代席地而坐，高型家具普遍流行的时期。垂足而坐的起居方式极大促进了家具种类、形制及室内陈设的发展，家具种类丰富齐全，桌案类、椅凳类、床榻类、柜格类的家具体系趋于完整。就桌类家具而言，就出现方桌、条桌、琴桌、饭桌、酒桌以及折叠桌等类型。如北宋《听琴图》中的琴桌，可以看到这种琴桌比例匀称，结构合理，具有浓厚的宋代文人气息。宋代的椅子形状也已经相当完善，椅腿高度上升，搭脑出头收拢，椅背也有了可靠的支撑，如《十八学士图》中的直搭脑扶手椅。圈椅形制完善，有圆靠背，以适应人体曲线。胡床改进后，形成了经典的交椅。

宋代家具在结构上趋于简约、合理和精确，形成了挺拔纤巧、工整清秀、自然淳朴的风格特点。隋唐时期沿用的箱形壶门结构普遍被梁柱式的框架结构所取代，曲线构件被直线构件所替代；采用装饰性线脚来丰富家具造型，高足家具的腿形断面多呈圆形、方形。构件之间多采用格角榫、闭口不贯通榫等暗榫连接；柜和桌等较大的平面，常采用"攒边"的做法；在外形尺寸及细部结构上，注重与人体的协调关系等。装饰上趋于朴素淡雅，很少采用大面积的雕刻。

🔺 图 1-7　宋 刘松年《十八学士图》中的家具

◀ 图 1-8　宋 赵佶《听琴图》中的家具

2. 元——高型家具新形式

元代由于立国时间较短，家具形制基本沿袭宋、辽、金，变化不大。但受豪放的游牧民族文化的影响，家具趋向饱满的造型，形体较为厚重。元代家具与宋代家具在风格上有着明显的差异，总体上给人以雄壮、奔放、生动、富足之感，又带有很多佛教元素。元代家具雕饰繁复，多用云头、转珠、倭角等线型作装饰；出现了罗锅枨、霸王枨、展腿式等造型构件。代表性家具如元墓出土的瓷床，共五扇屏风，上面都是花饰，而床的前面和腿子也都有复杂的花饰。

△ 图 1-9　元《事林广记》刻本中的家具

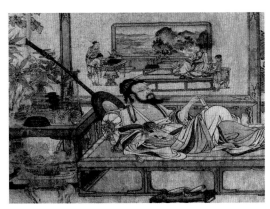

△ 图 1-10　元 刘贯道《消夏图》中的家具

四、鼎盛期——熠熠生辉的明清家具

1. 明代——文人气质、选材考究、结构简练

明代社会稳定，农业和手工业发达，工匠获得更多的自由，尤其是明代中后期，商品丰富，流通渠道广泛，外贸开放，从而使大城市、城镇经济迅速兴起，尤以江南与南海地区最为显著。园林和住宅建设兴旺起来，贵族、富商们新建成的府第，形成了对家具的大量需求。明代的一批文化名人，热衷于家具工艺的研究和家具审美的探求，促使了明代家具风格的成熟。郑和下西洋，从盛产高级木材的南洋诸国，运回了大量的紫檀木、酸枝木等高档木料，这也为明代家具的发展创造了有利的条件。

△ 图 1-11　明 黄花梨四出头官帽椅

明代家具的整体风格为朴实高雅、秀丽端庄、韵味浓郁、刚柔相济，这种风格一直延续到清代前期，其中优秀的典范被后世称之为"明式家具"。明式家具有以下几个特点：一是线条流畅，造型简练。明代家具给人以清新、明快、优美的视觉感受。二是比例恰当，尺度和谐。严格的比例关系是家具造型的基础，明代家具整体、装饰、局部、零件之间的尺寸、形态、比例都极为匀称而协调，极富美感。三是纹理优美，形态自然。明代家具所使用的木材纹理自然优美，呈现出羽毛兽面等形象，最大限度地保持家具制品的自然形态。四是结构严谨，榫卯精密。明代家具中各个部位，如榫头、卯眼的加工与装配都可在精细的做工之下达到尺寸精准。五是装饰适度，繁简相宜。雕、镂、嵌、描都是明式家具的主要装饰手法，装饰用材不贪多堆砌、也不曲意雕刻，而是根据整体要求，恰如其分地装饰局部。六是品类齐全，功能优秀。明代家具的种类繁多，满足了当时不同人群不同场合的需求，家具在功能设计方面也力求完美，一些地方与现代人体工程学的要求相差无几。

▲ 图 1-12　明 黄花梨十字栏杆架格

2.清代——富贵华丽、繁缛雕琢、造型厚重

清代初期的家具继承了明代传统，家具风格基本上保留了明代特点。但从康熙末至雍正、乾隆，乃至嘉庆期间，清代进入了社会、政治、经济发展的兴盛期，生产力水平大大提升，能工巧匠汇聚于皇宫贵族之家，不惜成本和时间精雕细琢，将历朝历代的手工工艺和技术应用于当时的家具制作中，社会奢靡之风也使人们的审美风格从清雅朴素转为浓郁艳丽。因此，当时的家具一反明式家具质朴、典雅的特征，取而代之的是绚丽、豪华、繁缛的富贵气派，始称"清式家具"。清代生产家具的主要产地有广州、苏州和北京，与之对应的"广作""苏作""京作"被誉为清代家具的三大名作。

清式家具有以下几个特点：一是选材讲究，造型厚重。清式家具在选材上多用色泽深重、质地紧密、纹理

▲ 图 1-13　清 紫檀描金扶手椅

细腻的硬木，极力追求宏大繁华、富丽堂皇的效果，家具体量厚重宽大。二是装饰丰富，形式多样。由于皇族追求的宏伟气派，工匠们在家具上利用各种手段，如镶嵌、雕刻、描金等，采用多种材料，如金银、玉石、宝石、珊瑚、象牙等，以达到繁复夸张的艺术效果。三是种类繁多，器型百变。清式家具在前朝家具发展基础上，造型种类日渐丰富，在家具上添加了大量的吉祥、几何、钱币纹饰和雕花工艺，形式多变。四是中西结合，表现新颖。受西方文化影响，西方建筑、雕刻、绘画等技术逐渐被清代工匠接受，并应用表现在家具上，出现了西式纹样图案和工艺。

总之，明清的匠师在家具的造型和结构上几乎尽善尽美，在选料及装饰线脚、雕刻、镶嵌上创造出臻于完美的风格，为以后的近现代家具发展建立了成熟完备的表现形式。

⚠ 图1-14　清 紫檀如意云头纹大画案

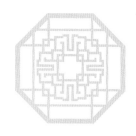

第二节　红木家具的历史

一、红木家具的出现与发展

我国红木家具（这里指《红木》新国标中木材制作的家具）规模性的使用最早出现在明代。明代初期，我国航海事业有了一定的发展，特别是郑和曾经7次下西洋，途经越南、印度尼西亚的爪哇和苏门答腊、斯里兰卡、印度和非洲东海岸，为这些国家带去了丝绸和瓷器，回程时大批的珍贵木材被用作压仓木带回中国，包括紫檀木和红酸枝木等。国内，黄花梨从作为唐朝贡品以来，其身价不断上涨，到了明代，更是达到"扬名立万"的巅峰时期。中国的能工巧匠们开始尝试着用这些坚硬致密、纹理优美、色泽莹润的木材制作家具。不过据史料记载，这一时期红木家具在明代宫廷应用较少。到了明代中后期，宫廷开始重视硬木家具（包含红木家具）制作，从全国各地挑选优秀的木工为宫廷制作家具，而且还曾经有皇帝（明熹宗朱由校）亲身参与过制作家具，其技艺之高明甚至超过御用工匠。与此同时，各种指导家具制作的专业书籍也大量涌现。比如，黄成的《装饰录》、文震亨的《长物志》、高濂的《遵生八笺》等，尤其是《鲁班经匠家镜》的出现，极大地促进了家具设计和制作工艺的提高，丰富了家具制作的理论体系。中国红木家具便在这样的环境滋养下迅速发展。

◀ 图1-15　明 黄花梨翘头案

明代红木家具的主要用材为黄花梨，这是因为当时还没有出现玻璃，建筑上的窗户大都是糊窗户纸，室内采光较差，比较昏暗。色浅素雅的黄花梨正好适用于这样的室内环境，其产地为海南和东南亚一带，采伐和运输都比较方便，因此在明代大为流行。

二、红木家具的成熟与鼎盛

到了明末清初，红木家具已经在中国宫廷内颇具一定的地位，结构比例、制作工艺和装饰手段都比较成熟，工匠们尊重木性、顺应木性、发挥木性，让珍贵的红木与精湛的技艺相结合，开始了中国红木家具的传奇历史。明代末期逐渐形成风格的明式家具的主要用材就是黄花梨、紫檀木等珍贵木材，都在红木的范畴内。在当时，家具多由文人参与设计和制作，因此明式红木家具在风格上别具一格，线条简洁，一气呵成，尺度和谐，毫无累赘，文化韵味十足。清代中叶以后，清式家具的风格逐渐明朗起来，红木家具也出现了新的特征。清式红木家具整体尺寸比明式红木家具宽大，形成稳定、浑厚的气势，样式也十分丰富。装饰上求多、求满，常运用描金、彩绘等手法，显出光华富丽、金碧辉煌的效果。清代，红木家具还发展出"苏作""广作""京作"三大主要流派，各具风韵。

◀ 图1-16　清 红酸枝架子床
（私人藏家周奔 供）

○——

到了清朝末年，一方面，政治混乱，国库亏空，外敌入侵，民不聊生，经济萧条，使得家具艺人纷纷改行，无心经营自己的专业；另一方面，由于红木的生长期长达几百年，过度的乱砍滥伐，使红木资源日渐稀少，制造成本不断增加，加上新材料的不断涌现，人们审美意识的改变和西方文化的影响，红木家具日渐式微。

民国时期，中国社会处于转型时期，此时的红木家具受到当时政治、经济、文化和技术等条件的影响，呈现出中西交融、古今贯通的风貌。民国红木家具制式和品种繁多，装饰上也更加丰富。民国红木家具的优点是经济实用，稳重大气，雕工讲究，用料实在，品种繁多，可选择性较强；缺点是过于做作，舍简求繁，讲究了视觉的冲击力，忽略了家具的实用舒适性。到了20世纪的中后期，红木家具在市场上变得少见，而且价格也更加昂贵，成为个别富豪和权贵阶层的奢侈品。

△ 图1-17　民国　红木椅子
（私人藏家周奔 供）

三、红木家具的现状

20世纪80年代，随着中华人民共和国的成长和改革开放政策的实施，中国人的生活逐渐富裕起来，开始追求物质的享受，而且人们的审美追求从西方转向国内，中国人重拾民族自信。这时陆续有人开始了古旧家具修复收购的工作，这一批匠人们从老家具上重拾中国传统红木家具的制作工艺，并且融合新时代风貌和生活需求，开始设计制作新时代的红木家具，引发了红木家具的热潮，沉寂多时的红木家具又迎来了新的春天。

改革开放40年来，中国现代红木家具走过了辉煌而崎岖的道路。一方面，红木家具企业遍地开花，产业规模越来越大，产品俏销海内外，让中国红木家具于国内国外都魅力四射。伴随着明清家居美学的回归和传统文化的复苏，以及中国的高收入和中产阶级人群的爆发性增长，选择红木家具逐渐成为一种文化认同和身份地位的象征。这一时期仿古红木家具已经相当成熟，特别是对于明式、清式红木家具的模仿与制作，许多企业可以做到形神兼备，这对于继承与发展我国传统红木家具艺术，挖掘整理传统手工艺有着重要的意义，也成为消费者选购和收藏红木家具的首选款式。新中式红木家具的设计研发也渐成趋势，并且不断走向成熟，符合新需求、新主张、新潮流的红木家具应运而生，使得红木家具更加贴合新的生活方式，也给予消费者更多的选择。

🔺 图1-18　新古典红木沙发（古佰年　供）

　　另一方面，材料上，红木资源日益短缺，价格一路高涨，许多企业不再去研究制作工艺，不再去关注红木家具的生产，而是一味地强调红木木材的珍贵属性，卖家具变成了卖木材，红木家具的使用功能大大地退化了，成了收藏品和某种象征；还存在着材料以次充好、以假充真的乱象。设计上，存在着盲目仿古和求新求异两种不良现象，红木家具的开发设计能力有待创新与提高。监管上，我国红木家具行业已经发展成熟，规模较大，但没有能与产业接轨的行业标准，相关管理部门、行业代表也未起到相应的监管职责。消费上，消费者对于红木家具选购也存在着许多盲点和误区，只简单追求红木本身的材质价值，而忽略家具的文化内涵；不知道什么样的设计是好的，什么样的款式是经典的；对于红木材质的概念还很模糊，等等。

　　经历过高涨和低潮，现如今，在经济结构调整的背景下，红木家具行业迎来了新局面。消费者的眼光和对家具品质的要求越来越高，对红木家具从盲目消费转向理性消费。在终端市场尤其是高端红木家具收藏市场倒逼之下，红木家具企业开始进入洗牌和超车阶段。红木家具将由过去"粗放式"转向"精细型"发展，艺术设计成为红木家具的生命线，做精、做特、做优、做专，做好看、好使用、好搭配的家具将成为众多红木家具企业的新追求。

第三节　红木家具的风格流派

　　明清家具的全盛历史，也是红木家具的全盛历史。在当时，家具制作成为社会上热门行业之一，全国各地都纷纷开设家具作坊从事家具生产。其中既有应日常生活之需，造型与工艺都较为随意的民间实用性家具；也有为满足上层社会的需要，以黄花梨、紫檀木等优质红木为材料，经过精心设计制作的家具作品。各地域之间也因文化背景、生活习惯和审美意识的不同，而形成了不同的家具风格体系，如苏、广、京、晋、宁、闽等家具流派。其中最具有影响力，而且代表中国传统家具最高水平的主要有三大流派，分别是来自诗意江南的苏作家具、岭南地区的广作家具、皇室宫廷的京作家具。

一、苏作家具

　　"苏作家具"也称"苏式家具"，是指江苏以苏州、无锡、常州一带为代表的江南所生产的古典家具。苏州地区是我国明式家具的主要发源地，故苏作家具是明式家具的典型代表。清代中叶以后，清式家具广为流传和盛行，但苏作家具始终遵循着明式家具的优良传统。

　　苏作家具造型优美，格调大方，用料节俭，结构合理，加工精致，由于文人的参与和投入，富有书卷气，表现出一种明快脱俗与清新悦人的风格。苏作家具的雕刻细腻生动，棱角分明，刀法圆熟，追求神似，讲求气韵生动，常用小面积的浮雕，不作大面积雕镂；雕刻题材多取自历代名画，以松、竹、梅、山石、花鸟、山水风景以及各种神话传说为主，也包括传统纹饰，如海水云龙、海水江崖、双龙戏珠、龙凤呈祥等。

▲ 图1-19　苏作　黄花梨扶手椅

用料节约是苏作家具的突出特点。由于地理位置的原因，苏州地区的红木原材料远不及东南沿海的广州和政治中心的北京来得充实，且原材料主要依靠海上运输，来之不易，因此工匠们在制作家具时可谓"惜料如金"，因此发明了包镶工艺，即用杂木为骨架，外面镶贴红木材质的薄板，由于技艺高超，成器后的包镶家具很难看出破绽。

二、广作家具

"广作家具"也称"广式家具"，是清代时以红木为主要材料在广州地区生产的家具。广作家具从清代中叶形成自己的风格，几乎将整个家具都加以雕刻，使不少家具变成了一件件雕刻艺术品。这些家具雕刻精细繁密，样式新颖别致，既是地道中国制造的"西式家具"，也是"洋气"十足被西化了的中式家具。因此用料粗大、雕琢华丽、镶嵌豪华、样式西化的广作家具风靡一时，成为一种时尚。

广作家具不惜用材，为达到造型要求，所用料皆粗大充裕，家具的各部位构件，尤其是腿足、立柱等主要构件，不论弯曲度有多大，一般不用拼接做法，而用一块整料制成，追求华贵艳丽的西方造型效果。由于形体轮廓线条弯曲变化大，立面形象具有流畅的线形感和活跃的空间感。广作家具的装饰题材受到西方文化艺术的影响，多以西式花纹为装饰图案，通常是一种形似牡丹的花纹，称为"西番莲纹"；有的兼有中西两种风格纹饰。广作家具在装饰方面还受到了绘画、珐琅、玻璃画、牙雕等艺术的影响，使得广作家具更加绚丽繁缛。

广作家具往往以中国传统工艺制成器型后，再用雕刻、镶嵌等工艺手法装饰上西洋纹饰，其工艺刀法圆熟、雕刻深浚、磨工精细。广作家具当中的屏风类和箱柜类家具体现了当时镶嵌艺术的发达，原料以象牙、珊瑚、翡翠、景泰蓝、玻璃画等为主。

▲ 图1-20 广作 紫檀雕西番莲扶手椅

三、京作家具

"京作家具"也称"京式家具"，清代时一般不是指民间用具，而是指宫廷作坊在北京制造的家具，以紫檀木、黄花梨等名贵红木为材料。清宫造办处制作家具不惜工本和用料，制作时间充裕，工匠技艺高超，家具格外纤密繁复、沉重瑰丽。京作家具装饰追求华丽，镶嵌金、银、玉、象牙、珐琅、百宝等珍贵材料，这使京作家具形成了气派豪华以及与各种工艺品相结合的特点。

制作京作家具的清宫造办处内有单独的广式和苏式木作，由从广东、江南征选的优秀工匠充任，所制家具带有或广作或苏作的风格。但在用料上可以将其区分，由于木材多从广州运来，花费开销极大，因此家具需经皇帝审阅画样并批准后，才可制作。皇帝常常觉得偏广作家具设计的某部分用料过大，故批文要求将某些部位尺度收小。久而久之，形成京作家具较广作家具用料较小的特点。但相较于苏作家具的用料节约而言，作为皇室家具的京作家具仍属于用料完整、少拼接粘合的作法，没有掺假的现象。

京作家具的纹饰独具风格，雕刻工艺精湛，刀法圆润娴熟、挺拔有力。它从皇宫中的古代铜器、玉器及石刻艺术上吸取装饰纹样，如夔纹、凤纹、拐子纹、螭纹、蟠纹、虬纹、饕餮纹、兽面纹、雷纹、蝉纹、勾卷云纹等，根据家具的不同造型特点巧妙地装饰在家具上，将青铜文化与玉石文化融入家具制作中，显示出古色古香、文静典雅、端庄大气的艺术形象，从而造就了京作家具装饰庄重与华丽并存的风格特征。

◀ 图1-21 京作 紫檀百宝嵌宝座

四、其他流派

蓬勃发展的红木家具产业，催生了大量的红木家具企业，并出现了诸多产业集群，如浙江东阳、义乌，福建莆田、仙游，广西凭祥，云南瑞丽等。随着产业的发达，红木家具结合产地文化、技艺特色，形成新的风格流派，如东作家具、仙作家具、徽作家具等。

1. 东作家具

"东作家具"，泛指浙江省东阳和义乌一带的红木家具。自明清以来，东阳地区的家具，既与我国古典家具一脉相承，又融入了东阳本地独有的民俗文化和人文内涵。尤其结合了东阳木雕精湛而独特的雕刻技艺，因此，在材料、工艺、雕饰图案等方面自成流派，在现代被称之为"东作"家具。东阳是我国红木家具的重要产地之一，东作家具是继三大流派（"京作""广作""苏作"）后，可与后来的"徽作""仙作"等相媲美的流派。

东作家具与其他流派家具类似，在明清时代曾达到历史的高峰。尤其在清代的康熙、雍正、乾隆三个时期的造办处，诸多技艺高手均来自江南一带，以东阳能工巧匠最多。因此在明清时期的家具中就已无形中留下东作家具的风格特点和时代精品，形成独特的精雕细凿、经久耐用、文化底蕴深厚的东作家具流派。

东作家具在艺术设计中表现为造型庄重、比例适度、线条优美、独具匠心，体现了以江南文化为特色的审美理念。在工艺方面中尤其以传统的东阳木雕作为独特载体，家具制作精雕细凿、华丽深浚，在刀法上明快简洁、圆润饱满，在构图上运用松散式的构图手法，进行了艺术

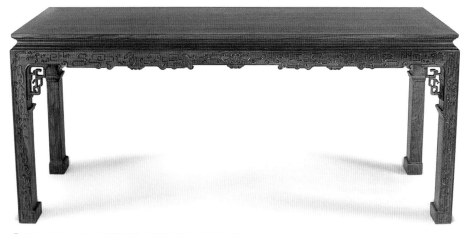

🔺 图1-22　东作 红酸枝博古平头案（古佰年 供）

化的设计布局，疏可跑马、密不插针。整体上结构严谨、榫卯精密、坚实牢固。漆艺处理上也尤为突出，光泽厚润、端庄典雅。

2. 仙作家具

"仙作家具"，泛指"中国古典工艺家具之都"——仙游制作的古典工艺红木家具，是传统国画艺术、雕刻艺术与家具制作技艺的巧妙融合，是明清红木家具经典款式的延续和创新。

仙作家具款式典雅、结构严谨、用料考究、种类齐全，传承创新地将"形、艺、材"融为一体，实现了家具的实用性、观赏性、收藏性相统一，正是如此独特的仙作家具，使得仙游一朝惊艳，拿下"中国古典工艺家具之都"的称号。

仙作家具有以下四个主要特征：一是款式典雅。线条流畅舒展，比例均衡，华丽中显出七分恬淡，典雅里却见三分豪放。二是结构严谨。采用榫卯结构，制作工艺精湛，牢固耐用，讲究整体艺术上的和谐统一。三是用料考究。取材名贵，用料大都选择质地优良、坚硬耐磨、纹理沉着、富有光泽的紫檀木、黄花梨、红酸枝木、鸡翅木等珍贵红木。四是品种齐全。室内用具各种类型应有尽有，款式多样、材质珍贵、追求古典中寻找创新，精雕细琢，极具实用价值、观赏价值和收藏价值。

△ 图 1-23　仙作　皇宫椅三件套（六合院　供）

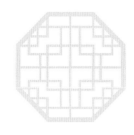

第四节　红木家具的文化

一、造物文化

造物文化，是指人类创造万物所产生的文化，广泛存在于社会活动中，家具设计与制作便是其中之一。中国传统优秀的造物文化博大精深、奇妙无穷，在红木家具这一中国传统造物经典之上，体现得也尤为深刻和全面。

1. "天人合一"的宇宙观

"天人合一"包含着人与自然和谐统一、相生相长、互相感应等思想，是中国传统的哲学观，是中国传统造物文化的精神内核，深深影响着中国人的思想和行动。中国家具之所以自古以来能相对独立稳定的发展，形成与西方截然不同的东方体系，从设计哲学上讲，其原因主要是来自"天人合一"这一传统哲学观的影响。

红木家具作为中国家具的突出代表，将"天人合一"这一造物思想发挥得淋漓尽致。红木是大自然珍贵的馈赠，坚硬而美丽，很难加工。中国人顺其木性对待红木，根据其颜色、纹理、材性来设计与制作家具，运用榫卯结构连接，使木与木之间相互紧紧地接合，避免了外力和外物的破坏，达到美与力的和谐统一。红木家具美观大方、坚固耐用，陪伴着中国人走过悠久的岁月，在一代代人手中留传，成为中华民族的造物典范。红木家具上体现着中国人对待自然之礼精工、巧韵、惜用的造物精神，以及天人合一的思想境界。

▲ 图1-24　红木家具上紧密接合的榫卯（荣鼎轩 供）

2."中庸和合"的道德观

中国人讲究"中庸"之道，意为不偏不倚、折中调和的处世态度，"乐而不淫，哀而不伤"的精神境界，追求和谐、协调、平衡、秩序、协同、和合，这是中国人独特的智慧和哲学，渗透和贯穿着中国传统造物理念。中国红木家具，厚重但不显沉闷，华美而不艳俗，名贵而不奢靡，很好地体现了中国人的"中庸"之道。

红木家具拥有着严密的比例尺度，讲究对称美，造型方直而细部微曲，木料硬朗而纹理细腻，这种游走于对立概念的"中和"的把握，就是对"中庸"之道的完美演绎。以圈椅为例，圈椅的造型是方与圆的结合，椅圈、背板、扶手是圆，桌面、枨子、腿足是方。圆是和谐，象征幸福、完满；方是稳健，象征中正、规矩。圆是虚，方是实；圆是动，方是静；圆是柔，方是刚；圆是阴，方是阳。整个圈椅就是虚实相映、刚柔相济、动静结合、阴阳互补的造物典范之作。人坐在圈椅之上，倚靠、支撑舒适，坐姿端正、有态，会有一种虚怀若谷、宽阔大气的感觉，气场十足又不张扬，含蓄内敛又不怯懦，是"中庸"之道的具体体现。

▲ 图1-25　圈椅的天圆地方之美

3."文质彬彬"的审美观

孔子以仁释礼，对于"礼"的内容是既强调本质内容，又重视外在美的形式。他提出"文质彬彬"的思想，对中国造物艺术产生了深远的影响。"质"指事物的本质，可引申为器物的本质内容、材质、功效等；"文"主要指外在的形式美，可引申为器物的造型样式、色彩花纹的装饰等；"彬彬"是配合恰当、和谐之意。中国人造物自古就强调形式与功能的平衡，只有"文"与"质"的和谐统一才能达到艺术上的完美。红木家具对功能和形式完美结合的追求，达到了家具造物的最高境界。

红木家具大多从实用角度出发，根据人们日常生活的需要确定结构和造型，在此基础上再进行恰当的修饰，是功能性与艺术性和谐统一的造型设计。例如罗汉床的三面床围子让它可坐可卧，可倚可靠，既能够形成屏挡，又能在其上作镶嵌、雕刻等装饰，是实用与美观的统一；椅类家具的管脚枨做成"步步高升"的形式，既在结构上起到稳定加固的作用，让人坐下来时也可搭脚，又表达了在仕途上步步高升的愿望，是形式与寓意的统一。红木家具的设计与制作

▲ 图1-26　罗汉床上兼具美观与
实用的床围子

充分整合了造型、结构、用料和工艺等特点，是艺术与
技术的有机统一，既有物质功能的实用性，又有精神功
能的审美性。

二、建筑文化

　　著名古家具学者胡文彦曾说道："家具和建筑始终
是相伴而生、互为依靠，并携手共同服务于人。"这道
出了家具文化与建筑文化的基本关系，中国传统家具文
化与传统建筑文化便是这种统一体，其都是传统"木作"
的真实反映。至明清时期，中国传统的建筑文化已经发
展到了最高成就，中国传统家具也发展至巅峰水平，其
突出代表就是中国红木家具。

1. 结构上的"同宗同源"

　　家具是建筑的延伸，在结构上，这一点体现得尤为
明显。传统建筑称为"大木作"，家具称为"小木作"，
在很多形制和造型上，家具都可看作建筑的缩小版和改
良版。

　　传统建筑上的"梁""柱"与红木家具上的"枨""腿"
形态、功能相似；建筑上的"挑檐"与红木家具椅凳

▲ 图1-27　建筑上的梁、柱和红
木家具上的枨、腿

的"搭脑"以及柜格的"帽檐"如出一辙；红木家具的典型形制——"束腰"就来源于建筑上的"须弥座"；红木家具的接合方式榫卯结构由建筑的斗拱结构发展而来，且具体制法、结合原理都有着一致性。

2. 装饰上的"并蒂连理"

传统建筑和传统家具在装饰艺术上，也有着不可分割的联系。特别是在材美工巧的红木家具上，几乎把装饰艺术发挥至"前无古人、后无来者"的境界，很多都是源于和借鉴传统建筑上的装饰手段。

如红木家具上最常见的各种"牙子"，就来源于传统建筑上的"替木"，"牙子"在红木家具上演变丰富，成为千姿百态、功能丰富的装饰结构之一，广泛应用于红木家具的各个部位。再如红木家具的攒斗工艺，便是建筑门窗的"棂格"的延伸体现，窗格中常见的十字纹、卍字纹、回形纹等，也广泛应用在红木家具床榻的围子、柜格的亮格等部位上，营造通透灵动的艺术美感。

🔺 图1-28 　建筑上的替木和红木家具上的牙子

3. 场景上的"相辅相成"

建筑与家具的关系十分密切，相互依靠、相互成长、相互促进。建筑为家具提供了空间和场地，家具为建筑补充了功能和陈设。中国传统建筑与家具，在不断满足人类需求的过程中，创造出独具民族特色的建筑文化与家具文化，交相辉映。

明清时期，高宅大院、山水园林的兴建，造成了对高档家具的大量需求，红木家具正是满足这一时代需求而蓬勃发展。红木家具材美工巧、坚固耐用、品类丰富，可以陈设于不同的生活空间，装饰不同的场景氛围。明代建筑采光较差，兴用浅色的黄花梨家具；清代建筑采光更好，紫檀家具和大红酸枝家具更为流行；现代建筑更为紧凑，体量轻、尺度小的新中式红木家具应运而生，都体现了建筑文化对红木家具应用上的深刻影响。

三、生活文化

家具自诞生之日起就与人类的日常生活发生着密不可分的关系，成为人类生活文化中的重要组成部分。生活方式、生活态度、生活行为都在家具中得到体现，反过来也服务和影响着生活，这便是家具作为生活用品的文化意义所在。红木家具作为明清以来中国人钟爱的家具，与

△ 图1-29　清代宫廷家具陈设

中国几百年来的生活文化相互交织，不可分割。

1. 宫廷生活文化

　　红木家具最早便服务于宫廷，是明清宫廷家具的重要代表。传统宫廷家具要求体现皇家贵族的威严和神圣，传达出帝王是天地间"至尊至贵"的文化信息，体态宽大厚重，纹饰庄重而威严，且不惜成本和时间，集全国的能工巧匠精雕细刻，追求富丽堂皇的效果，多种装饰技法兼蓄并用，艺术效果绚丽华美。

　　宫廷红木家具上常见的纹饰为龙纹、凤纹、蟠纹、螭纹、兽面纹、雷纹、蝉纹等，且不同品位阶级的形制不同，以体现皇家的庄严神圣、等级森严。明式家具以黄花梨为首选，清式家具以紫檀为首选，用料讲究大料、好料，各种木材不混用。设计必须按照一定的模式，有一套严格的审批程序，每件家具的施工、验收以及修改过程均记录在案。宫廷红木家具的代表——宝

△ 图1-30　受宫廷文化影响满雕龙纹
　　的方角柜

座，是专供皇帝使用的坐具，比一般椅子大很多，比罗汉床较小，以黄花梨或紫檀制作，施以龙纹，精工细刻，更有的镶嵌有宝石、玉石，或髹涂金漆，极度富丽华贵。

2. 文人生活文化

明清时期，特别是明代，文人参与红木家具设计与制作，蔚为风尚。因此红木家具，特别是明式红木家具，体现着浓郁的文人气质，在造型、工艺和装饰上展现出"天然""雅致""简远""高逸"的生活意境，承载文人思想，表现文化内涵，融入风雅生活，见物见人，从中可以看出设计者的艺术修养、品位爱好、性情格调、为人处世，表现文人肃静的内心世界和不事张扬的情怀。

文人生活的印迹还体现在红木家具的入世情怀。如四出头官帽椅与幞头的形态非常相似，从椅子的整体来看，扶手与帽子的前部相像，椅背与帽子的后部相像。将前者低，两侧高，后者更高的枨子形式取名为"步步高升"，更是直白地传达出文人希望在仕途上步步高升的愿望。梅兰竹菊的纹饰象征着君子高洁的道德品格，应用在红木家具上，使得文人儒生在日常生活极微小的细节处都能够得到教化和启示。

◀ 图1-31 雕刻梅兰竹菊寓意君子高洁的书柜和书桌（古佰年 供）

3. 民间生活文化

红木家具由宫廷走向民间，民间文化不断渗透其中。传统民间红木家具以富商阶层为代表，表现的是平民的身份地位和审美情趣，显得更加朴实和敦厚，以实用坚固为目的，尺寸一般量力而为，材料多就地取材，体现地方特色，如苏作红木家具用料节省，清雅隽秀；广作红木家具用料充实，繁缛瑰丽。设计制作上推陈出新、独出心裁、自由随意，既有典型的商人文化理念和文人理念，同时有具有民间的自由、淳朴、直白的思想表达。

民间生活文化还体现在红木家具的一些器型上，如炕桌、八仙桌、条凳、圆角柜、架子床等，都是十分实用的家具，尤其注重使用功能，带有着浓厚的生活气息。装饰纹饰上，多来源于自然界（动、植物等），如牡丹、灵芝、鹿、仙鹤、马等；与几何图案相结合，如卍字纹、十字纹、方胜纹等；题材大多反映吉祥文化，如祈求富贵平安、多子多福、家丁兴旺、多福多寿等。

◀ 图1-32　雕刻葫芦万代寓意多子多孙的架子床（私人藏家周奔 供）

四、宗教文化

中国传统宗教主要为儒、道、佛三教，它们对中国文化都产生巨大的影响，从而形成了"以儒治世，以佛治心，以道治身"的中国文化特色。中国红木家具的设计与制作体现着儒、道、佛三教思想的交融，是"载道于器"的体现。儒家的"中正平和""文质彬彬""积极入世"等思想在前文的造物文化和生活文化中有着具体表述，在此不再赘述，佛教思想和道教思想在中国红木家具上的体现也非常的具体而形象，下文展开说明。

1. 佛教文化

佛教文明与中国文明彼此浸透，对中国家具的演变产生了相当深远的影响。佛教文化与红木家具之间有着千丝万缕的联系。东汉到南北朝期间，很多天竺国高型家具进入中国，如绳床、墩、凳等僧侣坐具，使得华夏民族"席地而坐"的起居方法遭到严峻冲击，中国的高型家具由此不断发展和充实，为红木家具丰富的形制和品类奠定了基础。红木家具中的"罗汉床"其名称明显地受到佛教文化的影响，"禅椅""禅榻"更闪耀着佛家"禅宗"思想的光芒。更多的红木家具则体现着佛教中"空、静、素"的哲学意味。

▲ 图1-33 佛教中的须弥座与红木家具上的束腰

佛教中具有象征性的纹饰如飞天、莲荷、火焰、忍冬、璎珞纹、卍字纹等都被广泛应用在红木家具的装饰雕刻上，寄托着佛教情感和观念，如莲花表示一方净土，如意表示吉祥如意，法轮表示轮回永生，卍字纹表示荣华富贵不断头，寓意永远吉祥幸福。佛教建筑中的"壶门"造型被广泛应用在红木家具的牙板上，佛座中的"须弥座"则演变为红木家具上的"束腰"样式，这两样成为红木家具的经典装饰形式。

2. 道教文化

道教是中国本土宗教，以"道"为最高信仰。道教注重修炼养生，老子、庄子提出的清静无为、见素抱朴、坐忘守一等修道方法，被教徒所继承发扬。明代是一个笃信道家的朝代，嘉靖、万历和崇祯等皇帝甚至到了痴迷的程度，道教文化较多地融入明式红木家具的设计与制作中。道法自然的理念赋予了明式红木家具简约、淡雅、不饰雕琢的气质；逍遥洒脱的理念赋予了明式红木家具飘逸、飞舞、具有动感的特点；无为而治的理念使明式红木家具追求一种淡定、从容、单纯的美的享受。

此外，八仙纹、八宝纹在红木家具的雕刻中应用很多，八位仙人和八个宝器可以组合或单独出现，表现形式多样。红木家具中的八仙桌（方桌），其名称也明显受到了道教文化的影响。

五、匠艺文化

红木家具在历史上就是手工制品，其榫卯结构、雕刻技艺、造型设计等都凝结着中国传统匠人的手工艺水平，传统的建筑工艺、宗教器物工艺、礼制用具工艺等也都影响着传统的红木家具制作工艺。

红木家具因为是手工制作为主的家具，因此在制作过程中渗透着人的情感、意志、喜好、情趣和审美等因素，有着人性化的一面。红木家具的制作水平与制作者的技艺水平密切相关，一榫一卯，一锉一锯，一招一式，无不体现着制作者的功底与技法，可以说，是工艺成就了红木家具的结构和形式。通过工艺的施展，红木家具的造型、风格、意境、氛围等艺术气质由此展开，匠艺文化是红木家具与生俱来的文化。

🔺 图1-34 匠人在精心雕刻（红木玩家陈华平 供）

第二章

红木家具——珍贵的材质

第一节　何为红木

一、红木的概念

"红木"一词最早出现在清代，在当时指民间所谓的红酸枝，又称海梅木、紫榆，是在紫檀木、黄花梨濒临告罄后，作为替代品从南洋引进的。《古玩指南》一书二十九章中曰："唯世俗所谓红木者，乃系木之一种专名词，非指红色木言也。""木质之佳，除紫檀外，当以红木为最。"从传世的家具及档案记载看，乾隆年间以前，几乎看不到"红木家具"的记载。到乾隆二十九年，内务府造办处活计档开始出现关于红木家具的记载，红木家具逐渐登上了清朝皇家御用家具的殿堂，北方也称这种材料为"老红木"。

清后期以来，红木（红酸枝）从宫廷走向民间，应用广泛。因为其不仅材质好、油性大，颜色也喜庆，尤其是在价格上，可以说性价比最好，几乎适应各种层面的人群，赢得了普遍的喜爱。此后，"红木"成为一个约定俗成的概念，老百姓习惯将颜色偏深、质地较硬的硬木家具，统称为"红木家具"，而不是专指红酸枝制作的家具。到了1990年前后开始，我国南方的一些硬木家具店叫做"红木店"，售卖的"红木家具"包括紫檀木、黄花梨、红酸枝等深色名贵硬木，这时的"红木"最接近现在普遍意义的红木概念。

2000年8月，结合传统用材和现代常用深色硬木的习惯，为规范红木市场，由国家林业局提出，中国木材标准化技术委员会归口，中国林业科学研究院木材工业研究所负责起草，我国出台了《红木》国家标准（GB/T 18107-2000）。《红木》国家标准明确规定了红木的定义，如下：紫檀属、黄檀属、柿属、崖豆属及铁刀木属树种的心材，其密度、结构和材色（以在大气中变深的材色进行红木分类）符合《红木》国标规定的四个必备条件的木材。近年来，随着市场的变化，《红木》新国标（GB/T 18107-2017）已于2017年12月颁布，红木的种类由原来的5属8类33种木材变化为5属8类29种，删除了花梨木类的越柬紫檀（大果紫檀的异名）和鸟足紫檀（大果紫檀的异名）、黑酸枝类的黑黄檀（刀状黑黄檀的异名）、乌木类的蓬赛乌木，将乌木类的毛药乌木调至条纹乌木类，铁刀木属改为决明属，《红木》新国标即将于2018年7月正式实施。

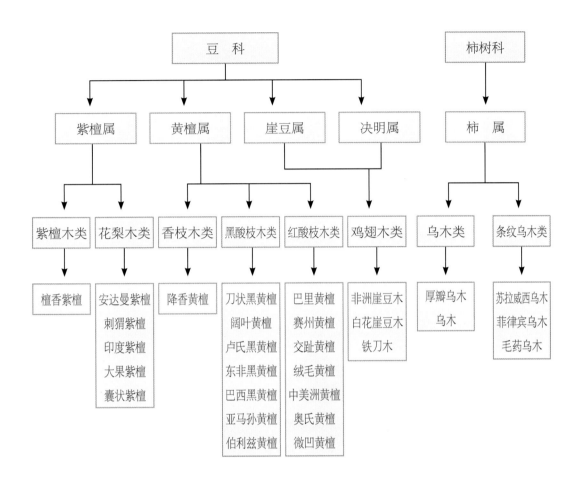

⬆ 图 2-1 《红木》新国家标准示意图

二、红木的应用

1. 家具制品

　　用红木制作家具是中国人独特的传统和技艺，可以说红木家具就是中国的概念和产物。西方人讲究征服自然，造物精神里蕴含着对抗材料的精神，用一切手段稳定材料的特性，因此西方人难以处理质密性坚、纹理复杂的红木；中国的传统造物精神讲究尊重、善待材料，顺应材料特性而为，对于家具的追求也是要好用、要美观、要牢固、要传世，红木这一材料正好符合这一诉求，在因材施艺、精益求精的中国匠人手中，绽放出璀璨的光彩。

　　红木由于其优异的材性，早在明代就被宫廷、世官等社会高层所喜爱，用来制作家具，开始了中国红木家具的历史，并逐渐走向民间。红木家具在历朝历代的家具发展基础上，也实现了所有种类家具的设计与制作，包括椅凳类、桌案类、柜格类、床榻类和其他类。如今更是发展为功能合理、比例适当，造型优美、庄重典雅，结构严谨、做工精细，用料讲究、保值增值的中国家具典范。年代久远、品质高档、材质珍贵的中国红木家具，是中外收藏家梦寐以求的珍品。

2. 工艺制品

红木工艺制品，可理解为采用红木作为原材料的，通过各种工艺技术制作手段，如雕刻、镶嵌、彩绘等以及后期处理且达到一定欣赏水准的工艺制品。红木工艺制品包括木雕制品、文房用品、摆件挂件、把件手串、文创产品等。红木颜色沉稳喜庆、纹理精美多变、材性适宜雕刻，因此十分适合用来制作工艺制品，可以提升工艺制品的美观度和附加值。同时，与红木家具动辄数十万元甚至上百万元相比，红木工艺制品价格从几百元到几万元不等，因其具有一定收藏和玩赏价值而受到广大消费者的喜爱，市场需求日益扩大。

▲ 图 2-2　红木雕刻摆件

▲ 图 2-3　红木手串

▲ 图 2-4　红木笔筒

▲ 图2-5　运用红木的室内装饰

3.装修装饰

近年来，中式家具成为广大消费者新的追求，而与之相呼应的中式室内家居环境也在悄悄流行。运用实木进行室内装修与装饰，能营造出更加自然、古朴、舒适、大方的氛围，而这其中，也有采用珍贵的红木作为装修装饰原材料的。虽然红木资源紧张、价格较高，但是以其优良的性能、喜庆的颜色、高贵的寓意等，还是有将其应用在室内装饰中的情况，以满足使用者较为高档的消费需求。例如，红木可制作镂空隔断，用来分隔室内功能空间；红木可作为灯具装饰线条或者框架，形成中式风格的灯饰；红木可作为相框、画框的原材料，用于家居装饰；红木也可用于制作橱柜、衣柜、木门、楼梯等，但较为奢侈少见。

三、红木的材性

1.优点

（1）红木颜色沉稳喜庆，纹理精美多变，外观具有古典雅致、高贵雍容之美，符合中国人的审美追求，具有较高的鉴赏价值，多用于家具及工艺品制作。

（2）红木材质硬重，强度高，耐磨，耐久，用其制作的家具和工艺品有利于传世；适宜雕刻和打磨，可以施展多种装饰手段和工艺技巧，具有较高的收藏价值。

（3）红木部分种类具有香气，且大多数气味对人体和环境有益。

（4）部分红木具有药用与养生的价值，可用于医学辅助治疗中，用其制作的家具和工艺品在使用过程中，也对人体十分有益。

2. 缺点

（1）红木目前存量较少，树木生长周期长，优质材料较难获得，出材率很低，且质量参差不齐。

（2）红木密度大，材质重，不利于运输。我国的红木材质基本都是依赖于进口，受国际和周边国家政策影响很大。

（3）红木材质硬，加工难度高，对机械加工和手工加工都要求很高。

（4）红木油性高，遇高温有明显的出油现象，且耐光性较差。

第二节　红木的类别

按照已颁布的《红木》新国标，红木包含紫檀属、黄檀属、柿属、崖豆属及决明属，共5个属；其下有紫檀木类、花梨木类、香枝木类、黑酸枝木类、红酸枝木类、乌木类、条纹乌木类和鸡翅木类，共8大类；降香黄檀、檀香紫檀、微凹黄檀等共计29种。

一、紫檀木类

檀香紫檀

1）基本属性

拉丁名称：*Pterocarpus santalinus* L.f.

科属：豆科（Leguminosae），紫檀属（*Pterocarpus*）

商品名：Red sanders

通俗名称：紫檀木、金星紫檀、牛毛纹紫檀、小叶檀、小叶紫檀、大陆性紫檀

产地及分布：原产于印度、泰国、马来西亚和越南，主产于印度

2）材性用途

材性：散孔材。边材浅黄褐色，与心材区别明显，心材新切面橘红色，久转深紫或黑紫色，常带深色条纹。生长轮不明显。管孔在肉眼下不见，数少至略少。轴向薄壁组织放大镜下明显，翼状及带状。木射线放大镜下可见。波痕不明显。木屑水浸

▲ **图2-6　檀香紫檀**（古佰年　供）

出液呈黄绿至淡蓝色荧光。香气无或很微弱；结构甚细至细；纹理交错，有的局部卷曲（称为牛毛纹）。

用途：车旋、雕刻容易；油漆性能良好。宜制作官帽椅、圈椅、顶箱柜、博古架等古典家具，笔筒、书画筒、手镯等高级工艺品。

3）经验识别

（1）心材新切面红褐色，久则转为深紫或紫黑色。

（2）在白墙或白纸上画线，可留下红蜡笔般的划痕（但其他一些木材也具有此特征，如卢氏黑黄檀、交趾黄檀等）。

（3）木屑浸入酒精中，立刻会有大量橘红色烟雾状色素翻滚喷出，浓烈、快速而美丽；这种现象，除卢氏黑黄檀外（浸入酒精中，喷出烟雾呈紫红色），其他木种效果不明显。

（4）用浸泡酒精的棉球擦拭木材表面，棉球很快变橘红色。

（5）木屑水浸出液呈紫红色，有黄绿色至淡蓝色荧光。

（6）气干木材入水即沉。

以上6个特征必须同时具备，否则可判断不是檀香紫檀。

二、花梨木类

1. 安达曼紫檀

1）基本属性

拉丁名称：*Pterocarpus dalbergioides* DC.

科属：豆科（Leguminosae），紫檀属（*Pterocarpus*）

商品名：Andaman padauk

通俗名称：暂缺

产地及分布：主产于印度安达曼群岛

2）材性用途

材性：散孔材，半环孔材倾向明显。心材红褐至紫红褐色，常带黑色条纹。生长轮明显。管孔肉眼下明显，数少至略少。轴向薄壁组织放大镜下明显，主为带状及断续聚翼状。木射线放大镜下可见。波痕放大镜下略见。木屑水浸出液呈黄绿至淡蓝色荧光。香气无或很微弱；结构细；纹理典型交错。

用途：宜制作椅类、床类、顶箱柜、沙发、餐桌等古典家具，人物或动物肖像类雕刻工艺品等。

3）经验识别

这种木材在中国市场上流通较少，极少出现其

▲ 图2-7　安曼达紫檀

他木材充冒此木的情况。

2. 刺猬紫檀

1）基本属性

拉丁名称：*Pterocarpus erinaceus* Poir.

科属：豆科（Leguminosae），紫檀属（*Pterocarpus*）

商品名：Ambila

通俗名称：非洲花梨

产地及分布：主产于塞内加尔、几内亚比绍等热带非洲国家

2）材性用途

材性：散孔材，半环孔材倾向明显。心材紫红褐色或红褐色，常带深色条纹。生长轮略明显或明显。管孔肉眼下可见，数少至略少。轴向薄壁组织放大镜下明显或可见，主为翼状、聚翼状及带状。木射线放大镜下明显。波痕可见。木屑水浸出液呈黄绿至淡蓝色荧光。香气无或很微弱；结构细；纹理交错。

▲ 图 2-8　刺猬紫檀

用途：宜制作官帽椅、圈椅、床类、顶箱柜、沙发、餐桌、书桌等古典家具，人物或动物肖像工艺品等。

3）经验识别

（1）市场上见到的刺猬紫檀有原木、方材，长2~3 m，直径12~40cm以上，40 cm以上少量。

（2）材身颜色呈黄褐色至深黄褐色，常带红色、紫色或黑色条纹，刚砍伐的树木切口不光滑，还有些油性。

（3）木屑沉水后，荧光现象不明显或没有。

（4）辛辣气味微弱，有时会有酸香气味或酸臭气味。

（5）在放大镜下，管孔较为细小，薄壁组织很丰富，呈带状或波浪状。

3. 印度紫檀

1）基本属性

拉丁名称：*Pterocarpus indicus* Willd.

科属：豆科（Leguminosae），紫檀属（*Pterocarpus*）

商品名：Narra

通俗名称：花梨木、花榈木、青龙木、蔷薇木

产地及分布：主产于印度、东南亚，中国广西、广东、海南及云南有引种栽培

2）材性用途

材性：散孔材，半环孔材倾向明显。边材近白色或浅黄色，与心材区别明显。心材红褐、深红褐或金黄色，常带深浅相间的深色条纹。生长轮明显。管孔肉眼下明显，数甚少至略少。轴向薄壁组织放大镜下明显，带状、聚翼状。木射线放大镜下可见。波痕明显。木屑水浸出液呈黄绿至淡蓝色荧光。新切面有香气或很微弱；结构细；纹理斜至略交错，有著名的Amboyna树包（瘤）花纹。

用途：用作高级家具、细木工、钢琴、电视机、收音机的外壳，旋切单板可用来作船舶和客车车厢内部装修。该树种产生的树瘤用来制作微薄木非常美丽，是高级家具和细木工的好材料。

▲ 图2-9 印度紫檀

3）经验识别

此种木材一般用来冒充檀香紫檀，市面上少见其他木材冒充此类木材。

4. 大果紫檀

1）基本属性

拉丁名称：*Pterocarpus macrocarpus* Kurz

科属：豆科（Leguminosae），紫檀属（*Pterocarpus*）

商品名：Burma padauk

通俗名称：缅甸花梨、草花梨

异名：越柬紫檀、鸟足紫檀（原《红木》国标花梨木类的两种，现作为大果紫檀异名）

产地及分布：主产于缅甸、泰国、老挝、柬埔寨、越南

2）材性用途

材性：散孔材，半环孔材倾向明显。边材灰白色，与心材区别明显。心材橘红、砖红或紫红色，常带深色条纹。生长轮明显。管孔肉眼下可见，数

▲ 图2-10 大果紫檀（古佰年 供）

甚少至略少。轴向薄壁组织肉眼下明显，主为带状、聚翼状。木射线放大镜下可见。波痕略明显或明显。木屑水浸出液呈黄绿至淡蓝色荧光。香气浓郁；结构细；纹理交错。

用途：宜制作高级家具、细木工、镶嵌板、地板、车辆、农业机械、工具柄、油榨及其他工艺品。

3）经验识别

（1）木纹细腻，纹理多样，有水波纹、虎皮纹、鬼脸纹等多种纹理，为深浅相间的带状纹理。

（2）经水泡过后，出现蓝色荧光。

（3）新刮下木屑会闻到明显的香味。在家具卖场，在看柜子、抽屉等时，打开柜门、拉开抽屉的一刹那，可以根据所闻到的气味进行分辨。

（4）在白光的照射下，的表面会出现荧光效果，好像会发光一样。

5.囊状紫檀

1）基本属性

拉丁名称：*Pterocarpus marsupium* Roxb.

科属：豆科（Leguminosae），紫檀属（*Pterocarpus*）

商品名：Bijasal

通俗名称：花梨木、马拉巴紫檀、印度花梨

产地及分布：主产于印度、斯里兰卡

2）材性用途

材性：散孔材，半环孔材倾向明显。心材金黄褐色或浅黄紫红褐色，常带深色条纹。生长轮明显。管孔肉眼下可见，数少。轴向薄壁组织肉眼下明显，主为带状。木射线放大镜下可见至明显。波痕略明显或明显。木屑水浸出液呈黄绿至淡蓝色荧光。香气无或很微弱；结构细；纹理交错。

用途：适合制作椅类、床类、顶箱柜、沙发、餐桌、书桌等高级家具及木制工艺品等。

3）经验识别

（1）不沉于水。

（2）材质接触水干后，会有明显的痕迹。

（3）有花梨木类的香味。

▲ 图2-11　囊状紫檀

三、香枝木类

降香黄檀

1）基本属性

拉丁名称：*Dalbergia odorifera* T. C. Chen

科属：豆科（Leguminosae），黄檀属（*Dalbergia*）

商品名：Scented rosewood

通俗名称：花梨（黎）、黄花梨（黎）、花梨（黎）母、降香、香红木、海南黄花梨、老花梨（黎）、降真香、花榈

产地及分布：主产于中国海南，广东、广西现也有栽培

▲ 图 2-12　降香黄檀

2）材质用途

材性：散孔材至半环孔材。边材灰黄褐色或浅黄褐色，与心材区别明显。心材红褐或黄褐色，常带黑色条纹。生长轮明显。管孔肉眼下可见至明显，数少至略少。轴向薄壁组织肉眼下可见，主为带状及聚翼状。木射线放大镜下明显。波痕可见。新切面辛辣香气浓郁，久则微香；结构细，纹理斜或交错。

用途：其材色美丽，材质优良，且带有辛辣的香气，可浸提香料及药剂。因带香气，工厂中一律叫做香红木，为制高级家具、算盘、各种座子、宫灯及雕刻等装饰品的原料，成品出口国外；又是代替进口红木做乐器，如琴柄、琴弓、管乐、木琴等的国产材料。

3）经验识别

（1）散孔材至半环孔材，生长轮明显。

（2）行话一般讲："红木（红酸枝）的纹理，花梨的底色。"红酸枝木的条纹一般较深且宽窄不一，花梨的底色一般为黄、红褐色，但没有特别明显的条纹。

（3）手掂应比较有分量不至于发飘；手感应温润如玉，油性大。

（4）新锯开的降香黄檀材料有一股浓烈的辛香味，久则微香。

（5）用火烧木屑，其烟发黑直升上天，而灰烬则为白色，燃烧时香味也较浓。

四、黑酸枝木类

1. 刀状黑黄檀

1）基本属性

拉丁名称：*Dalbergia cultrata* Benth.

科属：豆科（Leguminosae），黄檀属（*Dalbergia*）

商品名：Burma blackwood

通俗名称：黑酸枝、缅甸黑檀、英檀木、缅甸黑酸枝、黑玫瑰木

异名：黑黄檀（原《红木》国标黑酸枝木类的一种，现做为刀状黑黄檀的异名）

产地及分布：主产于缅甸、印度、越南、中国云南

2）材性用途

材性：散孔材。心材新切面紫黑或紫红褐色，常带深褐或栗褐色条纹。生长轮不明显或略明显。管孔肉眼下略见，数甚少至略少。轴向薄壁组织较多，肉眼下明显，主为带状及翼状。木射线肉眼下不见。波痕放大镜下可见。新切面有酸香气；结构细，纹理直。

△ 图2-13　刀状黑黄檀

用途：宜制作官帽椅、沙发、餐桌等古典家具，也广泛应用于木雕，制作的木雕称为"英檀木雕"，还是鼓、筝、音轨、长笛等乐器的首选用材。

3）经验识别

刀状黑黄檀有光泽，新切面有酸气，心材栗褐色，结构细而均匀，木材弦切面上有刀状花纹，与铁刀木的鸡翅纹十分相似。

2. 阔叶黄檀

1）基本属性

拉丁名称：*Dalbergia latifolia* Roxb.

科属：豆科（Leguminosae），黄檀属（*Dalbergia*）

商品名：Indian rosewood

通俗名称：黑酸枝、玫瑰木、油酸枝、紫花梨、广叶黄檀

产地及分布：主产于印度、印度尼西亚

2）材性用途

材性：散孔材。边材浅黄白色，与心材区别明显。心材浅金褐、黑褐、紫褐或深紫红色，常有较宽、相距较远的紫黑色条纹。生长轮不明显或略明

△ 图2-14　阔叶黄檀

显。管孔肉眼下可见，数少至略少。轴向薄壁组织肉眼下明显，主为翼状、聚翼状及带状。木射线放大镜下可见。波痕放大镜下可见。新切面有酸香气；结构细，纹理交错。

用途：主要用作家具、装饰单板、胶合板、高级车厢、钢琴外壳、镶嵌板、隔墙板、地板等。

3）经验识别

阔叶黄檀呈金褐、黑褐、紫褐或深红色，常为黑里透红、黑红相间，有宽带状薄壁组织，材质较刀状黑黄檀粗，木屑酒精浸出液有明显紫色。

3. 卢氏黑黄檀

1）基本属性

拉丁名称：*Dalbergia louvelii* R. Vig.

科属：豆科（Leguminosae），黄檀属（*Dalbergia*）

商品名：Bois de rose

通俗名称：黑酸枝、大叶紫檀、马达加斯加紫酸枝、马达加斯加紫檀、海岛性紫檀

产地及分布：主产于马达加斯加等

2）材性用途

材性：散孔材。心材新切面紫红色，久则转为深紫或黑紫色。生长轮不明显。管孔肉眼下不见，数甚少至少。轴向薄壁组织放大镜下明显，主为带状。木射线放大镜下可见。波痕不明显。酸香气微弱；结构甚细至细；纹理交错；有局部卷曲。

△ 图 2-15　卢氏黑黄檀

用途：宜制作宝座、官帽椅、顶箱柜、沙发、餐桌、书桌、博古架等古典家具，笔筒、书画筒、手镯等高级工艺品。

3）经验识别

（1）卢氏黑黄檀与檀香紫檀在宏观特征上有很多相似之处，二者都是心材新切面橘红色，久则转为深紫或黑紫。都有牛毛纹和金星，但卢氏黑黄檀管线纹较檀香紫檀粗而稀疏。

（2）卢氏黑黄檀纹理粗，纤维粗，干缩后的棕眼非常明显，盘玩起来略显干，比檀香紫檀油性差很多。

（3）新锯开时，卢氏黑黄檀为酸香味，檀香紫檀为辛辣味。

（4）浸水无荧光反应。

4. 东非黑黄檀

1）基本属性

拉丁名称：*Dalbergia melanoxylon* Guill. & Perr.

科属：豆科（Leguminosae），黄檀属（*Dalbergia*）

商品名：African blackwood，Grenadille afrique

通俗名称：黑酸枝、紫光檀、黑檀、黑紫檀

产地及分布：主产于坦桑尼亚、莫桑比克、肯尼亚、乌干达等非洲国家

2）材性用途

材性：散孔材。边材黄褐色，与心材区别明显。心材黑褐至黄紫褐色，常带黑色条纹。生长轮不明显。管孔肉眼下不见，数少至略少。轴向薄壁组织较少，肉眼下通常不见。木射线放大镜下可见。波痕放大镜下可见。无酸香气或很微弱；结构甚细，纹理通常直。

△ 图 2-16　东非黑黄檀（古佰年 供）

用途：可以代替乌木，用于制作与紫檀、乌木材质相近的官帽椅、皇宫椅、餐桌、书桌、博古架等古典家具，笔筒、人物或动物肖像工艺品，珍贵商务礼品，佛珠、手链、手镯、配饰、金笔、汽车挂件等。

3）经验识别

（1）木材气味很淡，有些干涩的味道，用舌尖舔，木材无滋味。

（2）在白纸上稍微用力划，可以看到褐色的条纹。

（3）用水浸泡，可出茶褐色的色素，酒精浸泡，马上出一缕缕的黑褐色色素，这些色素短时间内不会散开，非常清晰。

5. 巴西黑黄檀

1）基本属性

拉丁名称：*Dalbergia nigra*（Vell.）Benth.

科属：豆科（Leguminosae），黄檀属（*Dalbergia*）

商品名：Brazilian rosewood

通俗名称：巴西紫檀、南美黑酸枝、巴西玫瑰木

产地及分布：主产于巴西等热带南美洲国家

2）材性用途

材性：散孔材。边材黄白色，与心材区别明显。心材材色变异较大，褐色、红褐到紫黑

色。生长轮不明显。管孔放大镜下明显，数少。轴向薄壁组织放大镜下可见，环管状及带状。木射线放大镜下可见，略密，甚窄。波痕略见。无特殊气味；新切面略具甜味；结构细，均匀；纹理直，有时波伏。

用途：高级家具、细木工、装饰单板、乐器、室内装修、车工制品、工具柄等，是制作吉他等乐器的首选木材。

3）经验识别

CITES 公约目录 I 级管制木种，是唯一的一级保护的红木，在欧美地区十分名贵且受欢迎，中国木材市场上流通较少。只有 1992 年前砍伐的才可以贸易，否则都是违法的。宏观很难识别，有淡淡的甜香味。

▲ 图 2-17　巴西黑黄檀

6. 亚马孙黄檀

1）基本属性

拉丁名称：*Dalbergia spruceana*（Benth.）Benth.

科属：豆科（Leguminosae），黄檀属 (*Dalbergia*)

商品名：Jacaranda-do-para

通俗名称：南美黑酸枝、亚马孙玫瑰木

产地及分布：主产于南美洲亚马孙地区

2）材性用途

材性：散孔材。边材浅黄白色，与心材区别明显。心材栗褐色，具黑色条纹。生长轮不明显或略明显。管孔肉眼下可见，放大镜下明显，数甚少至少。轴向薄壁组织放大镜下略见，环管状及带状。木射线放大镜下略见；略密；窄。波痕未见。无特殊气味；结构略粗，略均匀，纹理直至略交错。

▲ 图 2-18　亚马孙黄檀

用途：高级家具、细木工、室内装修、刨切装饰单板、雕刻、乐器、剑柄等。

3）经验识别

亚马孙黄檀和巴西黑黄檀非常相似，以至于在宏观外表上不能分别。区别在于：

（1）亚马孙黄檀沉水，巴西黑黄檀不沉。

（2）亚马孙黄檀无特殊气味，巴西黑黄檀新切面略带甜味。

（3）亚马孙黄檀很少见，也很贵。市面上亚马孙黄檀比巴西黑黄檀还难找。

7. 伯利兹黄檀

1）基本属性

拉丁名称：*Dalbergia stevensonii* Standl.

科属：豆科（Leguminosae），黄檀属（*Dalbergia*）

商品名：Honduras rosewood

通俗名称：田黄木

产地及分布：主产于伯利兹等中美洲国家

2）材性用途

材性：半环孔材。边材色浅。心材浅红褐、黑褐或紫褐色，常有深浅相同条纹。生长轮明显。管孔放大镜下明显，数略少。轴向薄壁组织丰富；环管状、翼状、带状及轮界状。木射线放大镜下明显。波痕略明显。新切面略具香气，久则消失；结构细，纹理直至略交错。

▲ 图 2-19　伯利兹黄檀

用途：高级家具、细木工、装饰单板、乐器部件、刷背、刀柄等。

3）经验识别

表面比较有光泽，新切开面有淡淡的香气。

五、红酸枝木类

1. 巴里黄檀

1）基本属性

拉丁名称：*Dalbergia bariensis* Pierre

科属：豆科（Legwminosae），黄檀属（*Dalbergia*）

商品名：Neang nuon

通俗名称：柬埔寨红酸枝、老挝红酸枝、紫酸枝、花枝

产地及分布：主产于越南、柬埔寨、老挝、泰国、缅甸

▲ 图 2-20　巴里黄檀

2）材性用途

材性：散孔材。心材新切面紫红褐色或暗红褐色，常带黑褐或栗褐色细条纹。生长轮略明显。管孔肉眼下略见，数甚少至略少。轴向薄壁组织明显，为带状。木射线放大镜下明显。波痕放大镜下可见。酸香气无或很微弱；结构细；纹理交错。

用途：用途广泛，可制作家具、工艺品、细木工，是红木家具的主要用材之一。

3）经验识别

巴里黄檀与交趾黄檀是非常相像的两种木材，可将其进行对比鉴别。

（1）两种木材的新切面都呈紫红色或红褐色，都有黑褐或栗褐色的条纹；两种木材的气干密度相差不大，都可沉于水。

（2）交趾黄檀的酸香味明显，巴里黄檀较弱；交趾黄檀的黑色条纹（俗称"黑筋"）绵长且深而重，巴里黄檀条纹不连贯且浅而细；交趾黄檀可见明显的波痕，巴里黄檀则不甚明显。

（3）对两者进行酒精浸泡测试可见，交趾黄檀的酒精溶液呈橘红色，而巴里黄檀呈紫褐色至黑褐色，相比外观，这种化学反应上的变化可称得上这两种木材最为明显的区别。

2. 赛州黄檀

1）基本属性

拉丁名称：*Dalbergia cearensis* Ducke

科属：豆科（Leguminosae），黄檀属（*Dalbergia*）

商品名：Kingwood，Violetta

通俗名称：紫罗兰酸枝、国王木

产地及分布：主产于巴西等热带南美洲国家

▲ 图2-21　赛州黄檀

2）材性用途

材性：散孔材。边材黄白色，与心材区别明显。心材材色变异大，浅红至浅红褐色，具有紫褐或黑褐色细条纹。生长轮明显。管孔肉眼下略见，数略少至略多。轴向薄壁组织放大镜下明显，为环管束状，聚翼状、带状。木射线放大镜下明显。波痕放大镜下明显。酸香气无或很微弱；结构细而匀，纹理常斜。

用途：用于细木工、小型工具柄、木雕、装饰单板、乐器、豪华艺术品的制作。因黑色直纹明显，弦切面宜制作吉他背板与侧板。

3）经验识别

（1）赛州黄檀是热带美洲酸枝木树种中最易于鉴定的，其主要特征是管孔弦向直径小（平均 50~100 μm），但分布密度高（20~40 个 /mm²），这一特点可与其他黄檀属酸枝木相区别（伯利兹黄檀除外）。

（2）赛州黄檀木材新切面呈现鲜明的紫罗兰色，在年代久远的西洋家具上则为琥珀褐色，其明显的黑色直条纹给国人以"酸枝底色，黑檀纹理"的感受。

3. 交趾黄檀

1）基本属性

拉丁名称：*Dalbergia cochinchinensis* Pierre

科属：豆科（Leguminosae），黄檀属（*Dalbergia*）

商品名：Siam rosewood

通俗名称：红酸枝木、老红木、大红酸枝、老挝红酸枝、红木

产地及分布：主产于泰国、越南、柬埔寨、老挝

2）材性用途

材性：散孔材。边材灰白色，与心材区别明显。心材新切面紫红褐或暗红褐色，常带黑褐或栗褐色深条纹。生长轮不明显或略明显。管孔肉眼下略见，数甚少至略少。轴向薄壁组织明显，为带状及翼状。木射线放大镜下可见。波痕放大镜下可见。有酸香气或微弱；结构细；纹理通常直。

△ 图 2-22　交趾黄檀（古佰年 供）

用途：制造高级家具、装饰性单板、雕刻、乐器、工具柄、拐杖、刀把、算盘珠和框等。

3）经验识别

（1）气味：新开锯时，木材散发一种辛香，闻之有酸辛味。

（2）颜色：一般为赤红色和深红色，在空气中氧化可呈暗红色。

（3）木质：坚而重，结构细腻、油质重，可沉于水。

（4）鬃眼：细、小而密。

（5）纹理：木纹质朴美观，优雅清新，有深褐色或黑色直丝状条纹。

另外，可参见与巴里黄檀的对比鉴别方法。

4. 绒毛黄檀

1）基本属性

拉丁名称：*Dalbergia frutescens* var. *tomentosa*（Vogel）Benth.

科属：豆科（Leguminosae），黄檀属（*Dalbergia*）

商品名：Brazilian tulipwood

通俗名称：郁金香木、粉木、巴西黄檀、紫薇檀、玫瑰黑黄檀

产地及分布：主产于巴西等热带南美洲国家

2）材性用途

材性：散孔材或半环孔材。心材微红至紫红色，常带深红褐或橙红褐色条纹。生长轮明显或略明显。管孔肉眼下略见至可见，数甚少至略少。轴向薄壁组织放大镜下明显，为星散－聚合状、聚翼状、环管束状及带状。木射线放大镜下可见。波痕放大镜下可见。酸香气无或微弱；结构细；纹理通常直。

△ 图 2-23 绒毛黄檀

用途：贴面、精细镶嵌、艺术品、打击乐器、小型车旋。

3）经验识别

（1）绒毛黄檀横切面上会出现半环孔材的环轮现象，在红酸枝类木材中仅绒毛黄檀和奥氏黄檀有。

（2）木材具有光泽，无特殊气味或滋味。

5. 中美洲黄檀

1）基本属性

拉丁名称：*Dalbergia granadillo* Pittier

科属：豆科（Leguminosae），黄檀属（*Dalbergia*）

商品名：Cocobolo，Granadillo

通俗名称：美洲红酸枝

产地及分布：主产于墨西哥及中美洲国家

2）材性用途

材性：散孔材。心材新切面暗红褐、橘红褐至深红褐色，常带黑褐或栗褐色深条纹。生长轮明显。管孔肉眼下可见至明显，数甚少至少。轴向薄壁组织放大镜下明显，为环管束状、星散－聚合状，呈弦向带状。木射线放大镜下明显。波痕不明显。新切面气味辛辣；结构细；纹理直或交错。

△ 图 2-24 中美洲黄檀

用途：细木工，装饰单板及高级艺术品。

3）经验识别

中美洲黄檀与交趾黄檀最大的区别就是花纹，中美洲黄檀花纹细腻，交趾黄檀花纹粗犷且黑筋较多。

6. 奥氏黄檀

1）基本属性

拉丁名称：*Dalbergia oliveri* Prain

科属：豆科（Leguminosae），黄檀属（*Dalbergia*）

商品名：Burma tulipwood

通俗名称：白酸枝、缅甸红酸枝、缅甸黄檀

产地及分布：主产于泰国、缅甸和老挝

2）材性用途

材性：散孔材或半环孔材。边材黄白色，与心材区别明显。心材新切面柠檬红、红褐至深红褐色，常带明显的黑色条纹。生长轮明显或略明显。管孔肉眼下明显，数甚少至略少。轴向薄壁组织多，在肉眼下明显，为傍管带状（呈同心式）。木射线放大镜下可见。波痕放大镜下可见。新切面有酸香气或微弱；结构细；纹理通常直或交错。

▲ 图2-25　奥氏黄檀

用途：宜制作家具、精密仪器、装饰单板、室内装修材料、车辆内饰、农业机械、工具柄、运动器材、家具用弯曲木、雕刻及车工制品。

3）经验识别

（1）心材新切面颜色为浅红色至深红褐色，常带明显的黑色条纹。

（2）找一块砂纸，在家具的背板或其他位置打磨，磨掉外面的漆或蜡，露出里面的白茬后，用鼻子闻，真正的奥氏黄檀有微弱的酸香味。

7. 微凹黄檀

1）基本属性

拉丁名称：*Dalbergia retusa* Hemsl.

科属：豆科（Leguminosae），黄檀属（*Dalbergia*）

商品名：Cocobolo

通俗名称：小叶红酸枝、可可波罗

产地及分布：主产于墨西哥及巴拿马等中美洲国家

2）材性用途

材性：散孔材。边材浅黄白色，与心材区别明显。心材新锯解时橙黄色明显，久则转红褐色、紫红褐色，常带黑色条纹。生长轮不明显。管孔放大镜下明显，数甚少至少。轴向薄壁组织放大镜下可见，环管状、翼状及带状。木射线放大镜下略明显；密；甚窄。波痕不明显。有辛辣气味；结构细而均匀；纹理直至交错。

用途：用于制作高级家具、装饰单板、乐器部件、珠宝盒、车旋制品、工具柄等。

▲ 图 2-26　微凹黄檀

3）经验识别

微凹黄檀是目前市场上最多地被用来冒充交趾黄檀的木材，由于两种木材在纹理、密度油性上的相近，加之不良商家后期上色，普通消费者很难辨别真伪。

（1）杆形：交趾黄檀比较通直，而微凹黄檀有一大特点就是髓心部位常有空洞现象，而且空洞中往往有树根生长进去。

（2）心材新切面颜色：交趾黄檀是暗红或紫红色，微凹黄檀是橘红色，特别要注意的是要看新切面，因为微凹黄檀材色久则变深，变深后的颜色与交趾黄檀的颜色非常接近，此时在颜色上是非常难辨别的，这也是微凹黄檀能冒充交趾黄檀的一个原因所在。

（3）材质：二者的材质均比较光滑，稳定性也比较好，但微凹黄檀的油质感比交趾黄檀的强。

（4）生长轮明显度：横切面上看微凹黄檀的生长轮相对地比较明显。

（5）波痕：弦切面上交趾黄檀的波痕比微凹黄檀的波痕明显度高。

（6）气味：二者均有气味，但交趾黄檀为酸香气，而微凹黄檀为辛辣味。

（7）纹理：由于微凹黄檀管孔中含黑色树胶，故在径切面及弦切面上可看见大量的黑细线及黑点，交趾黄檀中也有，但相对较宽且少得多。

六、乌木类

1. 厚瓣乌木

1）基本属性

拉丁名：*Diospyros crassiflora* Hiern

科属：柿树科（Ebenaceae），柿属（*Diospyros*）

商品名：African ebony

通俗名称：条纹黑檀、青黑檀、斑纹黑檀

产地及分布：主产于尼日利亚、喀麦隆、加蓬、赤道几内亚等中非和西非国家

2）材性用途

材性：散孔材。边材红褐色，与心材区别明显。心材全部乌黑。生长轮不明显。管孔肉眼下略见，数少至略少。轴向薄壁组织丰富，放大镜下不见。木射线放大镜下不见。波痕未见。香气无；结构甚细；纹理通常直至略交错。

用途：用于制作镶嵌、艺术品、乐器、车工制品、雕刻及刀柄、剑柄等。

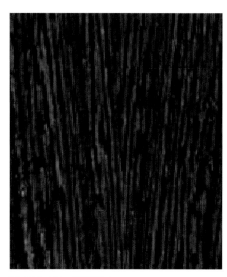

△图2-27 厚瓣乌木

3）经验识别

厚瓣乌木与乌木宏观特征类似，乌木边材为灰白色，厚瓣乌木边材为红褐色。

2. 乌木

1）基本属性

拉丁名称：*Diospyros ebenum* J. Koenig ex Retz.

科属：柿树科（Ebenaceae），柿属（*Diospyros*）

商品名：Ceylon ebony

通俗名称：黑木、乌材、黑檀

产地及分布：主产于斯里兰卡、印度、缅甸

2）材性用途

材性：散孔材。边材灰白色。心材全部乌黑，浅色条纹稀见。生长轮不明显。管孔肉眼下略见，数少至略少。轴向薄壁组织丰富，在放大镜下不见。木射线放大镜下可见。波痕未见。香气无；结构甚细；纹理通常直至略交错。

△图2-28 乌木

用途：宜制作官帽椅、圈椅、床类、顶箱柜、沙发、餐桌、书桌等古典家具，人物、动物肖像工艺品等。

3）经验识别

（1）心材颜色黑色且深，而且具有金属光泽。

（2）木性脆，用小刀削的时候就可以明显感觉到。

（3）将横切面放在放大镜下，可以看到有很多白色的斑点。

（4）管孔可以在肉眼下看到，但波痕很难看到，味道没有酸臭味。

（5）表面手感光滑如玉。

七、条纹乌木类

1. 苏拉威西乌木

1）基本属性

拉丁名称：*Diospyros celebica* Bakh.

科属：柿树科（Ebenaceae），柿属（*Diospyros*）

商品名：Macassar ebony

通俗名称：条纹乌木、乌云木、印尼黑檀

产地及分布：主产于印度尼西亚

2）材性用途

材性：散孔材。边材红褐色，与心材区别明显。心材黑色或栗褐色，具深浅相间条纹。生长轮不明显。管孔肉眼下未见，数略少至少。轴向薄壁组织丰富，放大镜下不见。木射线放大镜下可见。波痕放大镜下未见。香气无；结构细；纹理通常直至略交错。

▲ 图 2-29　苏拉威乌木

用途：用于制作高级家具、乐器用材、装饰单板、车工制品、雕刻品、装饰艺术品等。

3）经验识别

苏拉威西乌木和菲律宾乌木很相似，可以通过微观上的特征来区别，也可以通过以下感官来分辨。

（1）苏拉威西乌木条纹较细、直、密而均匀，菲律宾乌木较粗、疏，而且相对较乱。

（2）苏拉威西乌木密度较菲律宾乌木大。

（3）菲律宾乌木木射线直立细胞比苏拉威西乌木高得多。

2. 菲律宾乌木

1）基本属性

拉丁名称：*Diospyros philip pinensis* A. DC.

科属：柿树科（Ebenaceae），柿属（*Diospyros*）

商品名：Kamagong ebony

通俗名称：菲律宾黑檀木

产地及分布：主产于菲律宾、斯里兰卡、中国台湾

2）材性用途

材性：散孔材。边材浅红褐色，与心材区别明显。心材黑、乌黑或栗褐色，具深浅相间条纹。生长轮不明显。管孔放大镜下可见，数甚少至少。轴向薄壁组织放大镜下不见。木射线放大镜下略见；甚窄。波痕未见。香气无；结构甚细；纹理通常直至略交错。

用途：作为名贵的工艺品、雕刻、乐器、木皮、家具原材料。

3）经验识别

见苏拉威西乌木的经验识别。

▲ 图2-30　菲律宾乌木

3. 毛药乌木

1）基本属性

拉丁名称：*Diospyros pilosanthera* Blanco

科属：柿树科（Ebenaceae），柿属（*Diospyros*）

商品名：Bolong-eta

通俗名称：暂缺

产地及分布：主产于菲律宾

2）材性用途

材性：散孔材。心材黑或栗褐色，具深浅相间条纹。生长轮不明显。管孔肉眼下略见，数少。轴向薄壁组织丰富，在放大镜下可见，主为离管带状、疏环管状。木射线放大镜下可见。波痕未见。香气无；结构细，纹理通常直至略交错。

用途：用于制作高级家具、工艺品、装饰单板、雕刻用材。

3）经验识别

心材为黑色且重，管孔在肉眼下略见。波痕未见，无酸臭味（区别于黑酸枝）。木性脆，

▲ 图2-31　毛药乌木

小刀削时可明显感觉到。具有金属光泽，横切面在放大镜下常可看到很多白色斑点。

八、鸡翅木类

1. 非洲崖豆木

1）基本属性

拉丁名称：*Millettia laurentii* De Wild.

科属：豆科（Leguminosae），崖豆属（*Millettia*）

商品名：Wenge

通俗名称：鸡翅木、非洲鸡翅木、黑鸡翅木

产地及分布：主产于刚果（布）、刚果（金）、喀麦隆、加蓬

2）材性用途

材性：散孔材。边材浅黄色，与心材区别明显。心材黑褐色，常带浅色条纹。生长轮不明显。管孔肉眼下可见，放大镜下明显，散生；数甚少至少；略大。轴向薄壁组织丰富，在肉眼下明显，主为傍管带状或聚翼状，与纤维组织带略等宽或稍窄。木射线放大镜下明显。波痕不明显。香气无；结构细至中；纹理通常直。

用途：用于制作重型建筑、车辆、运动器材、高级家具、刨切装饰单板、室内装修、车工制品、雕刻用材等。

3）经验识别

暂缺。

▲ 图 2-32　非洲崖豆木

2. 白花崖豆木

1）基本属性

拉丁名称：*Millettia leucantha* Kurz

科属：豆科（Leguminosae），崖豆属（*Millettia*）

商品名：Thinwin

通俗名称：缅甸鸡翅木、黑鸡翅木、老鸡翅木

产地及分布：主产于缅甸及泰国

2）材性用途

材性：散孔材。边材浅黄色，与心材区别明显。心材黑褐或栗褐色，常带浅色条纹。生长轮不明显。

▲ 图 2-33　白花崖豆木

管孔肉眼下可见，数少至略少。轴向薄壁组织丰富，在肉眼下明显，主为带状及聚翼状，与纤维组织带略宽或稍窄。木射线放大镜下明显。波痕不明显。香气无；结构细至中；纹理通常直至略交错。

用途：用于制作高级家具、隔墙板、装饰单板，在缅甸多用作柱子、桥梁及农具等。

3）经验识别

白花崖豆木与铁刀木的主要区别为：

（1）白花崖豆木颜色较深，铁刀木颜色较浅而带黄，径切面常呈深浅相间条纹。

（2）白花崖豆木密度较铁刀木大。

（3）白花崖豆木轴向薄壁组织带状宽多数 4～6 细胞，有时为断续带状，铁刀木轴向薄壁组织带状宽多数 5～8 细胞。

（4）白花崖豆木射线组织多列，多数为 4～5 列，而铁刀木多数则为 2～3 列。

3. 铁刀木

1）基本属性

拉丁名称：*Senna siamea*（Lam.）H. S. Irwin & Barneby

科属：豆科（Leguminosae），决明属（*Senna*）

商品名：Siamese senna

通俗名称：挨刀树、黑心木、砍头树、鸡翅木

产地及分布：主产于印度、缅甸、斯里兰卡、越南、泰国、马来西亚、印度尼西亚、菲律宾以及中国云南、福建、广东、广西

2）材性用途

材性：散孔材。边材浅黄白色，与心材区别明显。心材栗褐色或黑褐色，常带浅色条纹。生长轮不明显。管孔肉眼下可见至明显，数少。轴向薄壁组织丰富，肉眼下明显，主为带状或聚翼状，与纤维组织带等宽或略宽。木射线放大镜下可见。波痕未见。香气无；结构细至中；纹理交错。

▲ 图2-34　铁刀木

用途：宜制作官帽椅、圈椅、床类、顶箱柜、沙发、餐桌、书桌等古典家具，人物、动物肖像工艺品等。

3）经验识别

见白花崖豆木经验识别。

第三节 红木资源分析

红木木材生长缓慢，资源奇缺，且呈逐年剧减趋势，目前有些树种已濒临灭绝。我国红木资源主要依靠进口，随着国际环保呼声的日益高涨，红木原产地国家相继采取更加严格的出口限制政策，因而我国红木进口渠道日益狭窄。

列入《红木》新国标的29个树种，依据目前资源存量，可分为3类：

（1）存量相对较多，包含4个树种，即刺猬紫檀、大果紫檀、非洲崖豆木和微凹黄檀；

（2）存量中等，包含5个树种，即交趾黄檀、巴里黄檀、奥氏黄檀、东非黑黄檀和卢氏黑黄檀；

（3）存量稀少，除了上述9个树种以外的其他20个树种均列入此类。

🔺 图2-35 红木锯材

　　红木资源存量的减少与资源国家禁止出口已成为红木市场发展面临的首要问题。虽然近年来有关我国红木树种引种与栽培的研究已有成果，但由于红木资源分布与生长特性，仍无法解决供给与需求的矛盾。根据《濒危野生动植物种国际贸易公约》（CITES 公约）等国际公约，一些濒危野生动植物已经被明令禁止贸易或限制贸易。CITES 公约中列入附录 I 的物种禁止贸易，《红木》新国标中的巴西黑黄檀即在此列；列入附录 II 的物种须有进出口许可证或者再出口证明书，方可进行贸易，《红木》新国标中的檀香紫檀、刺猬紫檀、降香黄檀、刀状黑黄檀、黑酸枝类的所有木材、红酸枝类的所有木材都在此列；列入附录 III 的物种须有缔约国（成员国）出具进出口许可证和原产地证明，才可进行贸易。

△ 图 2-36　红木原材

第三章

红木家具——精美的造型

第一节　红木家具的器型

红木家具兼具实用性、观赏性和保值性，可分为椅凳类、桌案类、柜格类、床榻类和其他类，精美的器型是成就其价值的重要因素。丰富的器型满足家具的功能需求，精美的雕刻纹饰便可满足家具的观赏需求和文化需求，让红木家具更具保值增值功能之外，更能感受中国传统文化中独到的审美观念和厚重的历史文化积淀。

一、椅凳类

1. 杌凳

杌凳，又称"杌子""凳子"。"杌"的本义是"树无枝也"，因此"杌"也就明确地专指无靠背坐具。杌凳一般有方、圆两种类型，而以方凳种类最多，在民间居室中常见。

在各种形式的杌凳中，又分有束腰和无束腰两类。有束腰的都用方料，一般不用圆料；无束腰的则方料、圆料都有。有束腰的杌凳，可以做出曲腿，如鼓腿膨牙、三弯腿等；而无束腰的都用直腿。有束腰的足端都做出内翻或外翻马蹄；而无束腰的腿足不论是方是圆，足端都不作任何装饰。无束腰杌凳，多采用圆材直足直枨的形式，或足间施"管脚枨"。"管脚枨"或称"锁脚枨"，又名"落地枨"，即安装在靠近腿足下端的枨子。

△ 图3-1　杌凳

2. 坐墩

坐墩，又称"绣墩""鼓墩""花鼓墩"。因为墩上多覆盖锦绣一类织物作为垫子而得名"绣墩"；因为其圆形，腹部大，上下小，其造型尤似古代的鼓而得名"鼓墩"；又因在两端各雕一道弦纹和象征固定鼓皮的帽钉，而得名"花鼓墩"。

坐墩一直是古人的居家必备坐具。大多数时候在与相知甚笃的友人交往的非正式场合中使用。不仅用于室内，更常用于室外，故传世实物，石制的或瓷制的比木制的还多。坐墩具有古雅之趣，它在造型艺术上更是千姿百态，座面的式样除圆形外，还有海棠形、梅花形、瓜棱形、椭圆形等。墩面的板心，也有许多花样，有硬木心的，有各色硬木的，有木框漆心的，还有藤心、席心、大理石心等，用材制作都很讲究。坐墩的特点是面下不用腿足，而采用攒鼓的做法，形成两端小中间大的腰鼓形。绣墩又有开光和不开光之分，开光是指墩腰上尚有较大通透的光洞，开光有五开光、六开光。

▲ 图3-2　坐墩

3.交杌

交杌，俗称"马扎"，古代称"胡床"。交杌是腿足相交的杌凳，是一种可折叠的坐具。由于它可以折叠，在携带和存放上都比较方便，所以千百年来广泛使用。尤其是小型的交杌，更是居家常备。

从北齐《校书图》和敦煌壁画上见其形象以后，多年来未见有多大的变化，仍然是八根木棍交接而成。两根横材着地，底平而宽。凡横枨出头处，均有镀金铁叶包裹衔套，并用钉加固，轴钉穿铆处加垫护眼钱。交杌有绳座面和皮座面之分，明代交杌也有用坚实的木板做成的。形制上以脚踏式交杌和上折式交杌为代表。

▲ 图3-3　交杌

4.长凳

长凳，又称"板凳"，是狭长而无靠背的坐具的统称，主要有条凳、二人凳、春凳三种形式。条凳大小长短不一致，是最常见的日用家具，尺寸较小，面板厚寸许，北宋时形制已定型。尺寸稍大，面板较厚的，或称大条凳，除供人坐之外，兼可承物。

二人凳凳面宽于一般条凳，长三尺余，可容二人并坐。春凳长五六尺，宽逾二尺，可坐三五人，也可睡卧，以代小榻，或陈置器物，功同桌案。

图 3-4　长凳

5. 灯挂椅

灯挂椅，是靠背椅的一种款式，其搭脑两端挑出，因其造型好似南方挂在灶壁上用以承托油灯灯盏的竹制灯挂而得名。灯挂椅是明代最为普及的椅子样式。

灯挂椅的基本特点是：搭脑向两侧挑出，无扶手，S 形靠背板，圆腿居多。整体简洁，只做局部装饰，有的在背板上嵌一小块玉，或者嵌石、嵌木，或者雕以简练的图案。座面下大都用牙条或券口予以装饰。四边的枨子有单枨有双枨，有的用"步步高"式（即前枨低，两侧枨次之，后枨最高），枨下一般都用牙条。两后腿有侧脚和收分。灯挂椅给人以挺拔向上、简洁清秀的视觉感受，这是明代家具的造型特点，可以说灯挂椅是明代家具的代表作。明代使用灯挂椅往往加搭椅披，高耸的椅背能将华美的锦绣突出地展示出来。

图 3-5　灯挂椅

6. 一统碑椅

一统碑椅，简称"一统椅"，南方民间也称"单靠"，是古代一种单靠背无扶手的椅子。一统碑椅始于明代而盛于清代，它的后背比起灯挂椅更加宽而直，主要特点是椅背与椅面之间呈直角，椅背与后腿足连作一体，上下宽度一致，搭脑两端不出头，后背长方而挺直，形如古代碑碣。在陈设上，通常为二椅一几模式。

图 3-6　一统碑椅

根据靠背的不同，一统碑椅分为笔梗椅和梳背椅。笔梗椅是将靠背椅的靠背板转换成四、五、六根立杆排列而成；梳背椅是椅背部分用圆材均匀排列的一种单靠背椅，因其椅背形如梳篦而得名。清代的一统碑椅基本保持了明代式样，但在装饰方面逐渐繁琐，背板不仅浅雕团型的花纹，在整体上都出现了繁缛的雕刻和镶嵌装饰。椅的搭脑两端下弯，用所谓"套榫结构"的做法和后腿连接，背板独木造成，上雕团型花纹，椅盘以下，三面用券口牙子，后面用牙条，踏脚枨做成步步高样式。

7. 玫瑰椅

玫瑰椅，是北方的称呼，南方称为"文椅"，是在各种椅子中较小的一种，用材单细，体量小巧，造型美观，多以黄花梨制成，用紫檀木制作的较少。明代家具中，玫瑰椅是很受欢迎的家具式样。玫瑰椅还被称为"小姐椅"，顾名思义就是小姐使用的椅子，多用于闺阁之中。

△ 图 3-7　玫瑰椅

玫瑰椅的基本造型是：椅背较低，其高度与扶手高度相差无几，这是因为其常陈设于窗台下，靠背低，不致高于窗台；同时，在配合桌案陈设时，椅背也不高出桌沿。靠背无侧脚，直立于座面。靠背上大都有装饰，或用券口牙子，或用雕花板。在座面之上，大都设横枨，横枨中间或取矮老支撑，或取卡子花支撑，起到打破低矮靠背的沉闷感。扶手、靠背与腿多采用直材制作。明代玫瑰椅，多为圆腿；方腿圆棱的玫瑰椅，多为清代作品。

8. 官帽椅

官帽椅，因其造型类似古代官员的官帽而得名。官帽椅分四出头式官帽椅和南官帽椅两种。所谓"四出头"，是指靠背椅子的搭脑两端、左右扶手的前端出头；而南官帽椅四处无一处出头，在椅背立柱和搭脑相接处

△ 图 3-8　四出头官帽椅（六合院 供）

做出软圆角，由立柱作榫头，横梁作榫窝的烟袋锅式做法。官帽椅椅背有使用一整板做成S形，也有采用边框镶板做法，有的雕有图案，美观大方。

在古时众多的家具中，官帽椅以其高大简约、线条流畅而著称。虽然它的椅面、腿等下部结构都是以直线为主，但是上部椅背、搭脑、扶手乃至竖帐、鹅脖都充满了曲线灵动的气息。线条曲直相通，造型方中带圆，少装饰重形韵，充分体现了中国美学中的动静相益、刚柔并济、无胜于有的审美概念。不管在古在今，在厅堂还是在书房，官帽椅都能从容坐镇，安定祥和，是中国传统红木家具最为经典的器型之一。

9. 圈椅

圈椅，因其靠背形状如圆圈而得名。圈椅的靠背，宋人称为"栲栳样"，"栲栳"就是用柳条或竹篾编成的大圆筐。圈椅的靠背和扶手一顺而下，不像官帽椅似的有梯级式高低之分，所以坐在上面不仅肘部有所倚托，腋下一段臂膀也得到支撑，坐姿既端庄又舒适。圈椅是传统红木家具中最为经典的器型之一，造型古朴典雅，线条简洁流畅，制作技艺达到了炉火纯青的境地。明式圈椅多用圆材，方材的少见。扶手一般都出头，为圆形的扶手，鲁班馆匠师称之曰"椅圈"，清代《则例》则称之曰"月牙扶手"。它的造法有三接或五接之分。

"天圆地方"是中国传统文化中典型的宇宙观，不但建筑受其影响，也融入到了家具的设计之中。圈椅是方与圆相结合的造型，上圆下方，外圆内方，以圆为主旋律，圆是和谐，象征幸福，方是稳健，宁静致远，圈椅完美地体现了这一理念。圈椅的扶手与靠背形成的斜度、圈椅的弧度、座位的高度三度的组合，比例协调，构筑了完美的艺术想象空间。

▲ 图 3-9　南官帽椅（六合院　供）

▲ 图 3-10　圈椅（六合院　供）

10. 交椅

交椅，又称"胡床"，因其下部椅足呈交叉状而得名。明清两代通常把带靠背椅圈的称交椅，不带椅圈的称"交杌"，也称"马扎"。交椅原是中国古代马上民族的用具，通常被认为是从席地而坐向垂足而坐转变的关键性家具。交椅的结构是前后两腿交叉，交结点做轴，上横梁穿绳代座，可以折合，上面设置一个圆圈靠背和扶手。椅圈一般由三至五节榫接而成，曲线弧度柔和自如，俗称"月牙扶手"。下由八根木棒交接而成，交接关节处，多以金属件固定。整个造型，从侧面看似多个三角形组成，线条纤巧活泼，但不失稳重。

交椅可以折叠，携带和存放十分方便，它们不仅在室内使用，外出时还可携带。宋、元、明乃至清代，皇室贵族或官绅大户外出巡游、狩猎，都带着这种椅子，以便于随时随地坐下来休息。在等级森严的封建社会里，交椅是身份、地位的象征。正因为交椅的特殊象征性，所以才有"坐第一把交椅"的说法。

▲ 图 3-11　交椅

11. 宝座

宝座，供帝王专门使用的坐具，通常设在皇帝使用建筑的正殿明间，周围辅以屏风、宫扇等宝物，显示皇权的至高无上。宝座形式多种多样，有些宝座的造型、结构和罗汉床相比没有什么区别，只是形体较罗汉床小。

由于宝座是统治阶级专用的坐具，一般选料巨大，用料考究，多为紫檀或黄花梨。紫檀宝座是传统红木家具中的经典，不仅用料考究，工艺也非常精湛，将紫檀的大气和精致合二为一，非常不易。宝座一般都施以云龙等繁复的雕刻纹样，髹涂金漆，极度富丽华贵。在很多的宝座上还应用了大量的镶嵌，尤其在清式宝座家具上更是突出。宝座多给人一种威严、沉稳、大气的感觉，有"宜矮不宜高，宜宽不宜狭"的说法。宝座很少成对，都是单独陈设。

▲ 图 3-12　宝座

二、桌案类

1. 炕桌

炕桌，是一种矮形桌案，宽度一般超过它本身长度的一半，多在床上或炕上使用，侧端贴近床沿或炕沿，居中摆放，以便两旁坐人。炕桌的使用由来已久，在《韩熙载夜宴图》中，就能看到罗汉床上的炕桌被当作饭桌使用。到了明清家具发展巅峰的时期，炕桌的使用日渐普遍，款式繁多，且用材考究，制作严谨准确，结构合理规范，逐渐形成稳定鲜明的风格。

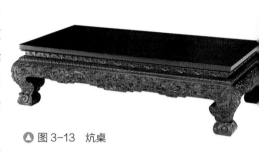

▲ 图 3-13 炕桌

炕桌形式也可分为无束腰和有束腰两种。无束腰炕桌的基本式样为直足，足间施直枨或罗锅枨。有束腰炕桌的基本形式为全身光素，直足，或下端略弯，内翻马蹄。高束腰炕桌在腿子上截露明（一般有束腰炕桌，腿子上截不露明，被束腰遮盖），露明的高度，就是束腰的高度。炕桌中还有一种三弯腿炕桌，所谓三弯，是先向外，次转内，至足底再向外翻，故多为外翻大挖马蹄。但其弯转和马蹄，又颇有变化。

2. 方桌

方桌，又称为"八仙桌"，尺寸略小些的叫"六仙桌"或"四仙桌"。桌面呈正方形，规格有大小之分，是厅堂中常见的家具，具有会客、宴饮等多种功能。方桌基本造型可分为无束腰方桌和有束腰方桌两种，两种基本造型有略微的差别。无束腰方桌常见的造法是直枨或罗锅枨加矮老，类似于同类型的杌凳造法。不过方桌比杌凳宽大，所以矮老的排列变化就更多些。有的是双矮老，或三矮老每面两组，或单矮老排匀不分组；也有用卡子花代替矮老；有的边抹及腿枨造出竹节纹。

▲ 图 3-14 方桌

无束腰方桌中的经典样式为"一腿三牙罗锅枨"式，特点是腿子不安在方桌的四角而稍稍缩进一些，腿子下端有挓，侧脚显著，还保留了大木梁架的形式。方桌腿子之间安牙条，牙条之下有罗锅枨，每条腿都与三块牙

子连接，两个与罗锅枨平行，一个位于外侧刚好将 90
度的桌角一分为二的位置。

3. 圆桌、半圆桌

圆桌，是桌面呈圆形的桌案类家具，有的圆桌桌面
也为梅花形、八卦形等特殊形状。小的为茶桌，大的为
餐桌，有的圆桌的桌面可以转动。圆桌盛行于清代，由
满族人传入，因为满族人有围圆桌而食的习惯。圆桌造
型有直腿、三弯腿、蚂蚱腿等不同形式，桌腿数量也有
三腿、四腿不等，腿下有马蹄足或带有托泥，托泥通常
有窗格形、冰纹形等。

▲ 图 3-15　圆桌

半圆桌，桌面呈半圆形，是在圆桌的基础上衍生出
的家具。因为它合起来似圆月一轮，分开来却像月牙两
半，又被称为"月牙桌"。中国明代的圆桌，往往是由
两个月牙桌拼合而成，月牙桌也可单独使用，可靠墙或
临窗，上置花瓶、古董等陈设品，别有一番风味。

4. 酒桌

酒桌，一种较矮小的小长方桌，旧时常用来饮酒，
因此而得名。酒桌起源于五代、北宋，常用于酒宴。酒
桌沿面边缘多起一道阳线，叫做"挡水线"，用作阻挡
酒肴倾撒，流沾衣襟。此种家具为案形结构，北京匠师
却称之为"桌"，是少有的例外。酒桌常为夹头榫或插
肩榫结构，无束腰。

▲ 图 3-16　月牙桌

5. 半桌

半桌，又称"接桌"，是一种比酒桌高且宽的桌子，
属桌形结构，但也有案形结构的。基本样式是形制较小
的长方形桌案，四条桌腿被安置在桌面的四角，上端做
短榫，分别与桌面的大边和抹头相接。

嘉庆年间纂修的《工部则例》规定半桌尺寸为长二
尺九寸，宽二尺，高二尺六寸，长度约与八仙桌相等，
宽度则超过半张八仙桌，故北京匠师称之为"半桌"，

▲ 图 3-17　酒桌

而当八仙桌不够用时，半桌可拼接上，所以半桌又叫"接桌"。

6. 条桌、条几、条案

条桌，一种长方形桌面的桌子，其造型的特点是四腿与桌面基本上成直线，腿不向里缩，这是桌子区别于案的主要特点。条桌可分为无束腰、一腿三牙、有束腰、高束腰、四面平等形式。在无束腰的条桌中，直枨或罗锅枨加矮老仍是最常见的一种式样。

条几，由三块厚板构成的长几，有的虽然经过攒边装板，但造型仍类似于厚板长几。条几在明清时期最为盛行，是主要用于摆放装饰品的重要家具之一。除了用作摆设外，条几还充当茶几。由于条几结构简单，易于移动，因此，其用途更为实用。

条案，一种桌腿缩进带吊头（无束腰的桌面、案面、凳面等伸出腿足的部分），案面为窄长的条形，宽度约为长度的十分之一的长方形家具。案与桌的差别是因脚足位置不同而采用不同的结构方式，故称"案"而一般不称"桌"。条案也是各种长条形几案类家具的总称。条案一般置于中堂下侧，桌椅后侧，用于摆放装饰品之类的物品。

7. 架几案

架几案，是一种狭长的案形家具，是几与案的组合体，两端为两只几架起案面。其特点是两头几与案面不是一体，而是分体的家具。架几案的案面多由案板造成，长可近丈，气势宏大，厚可达两寸。架几案既不用夹头榫也不用插肩榫，可随意拆卸，装配灵活、搬运方便。

架几案的案面多用厚板造成，如果是攒边装板制作的，工匠们称它为"响膛"，意思是一

⚠ 图 3-18　半桌

⚠ 图 3-19　条桌

⚠ 图 3-20　翘头案　　　　　　　　　　　　　　⚠ 图 3-21　平头案

⚠ 图 3-22　架几案

拍案面便砰然作响，与实心的厚板音响不同。明式架几案的案面光素无纹饰，而清式架几案多为立面浮雕花纹。架几案可用于架书，历来受文人的宠爱，也可用于放香炉等。

　　8. 画桌、画案、书桌、书案

　　画桌，桌形结构，是古人用来作画的桌子。画桌有大有小，常见的半米宽，一米多长。画桌存世量并不多，很多是以画案的形制存世。

　　画案，案形结构，是一种尺寸较宽大，主要供写字作画用的家具。画案与画桌的区别在于画案大多不做"飞角"，而以平头案形式出现，而画桌桌面两端常带向上翘起的沿儿。

　　书桌，桌形结构，是供书写或阅读用的桌子，通常配有抽屉和分格。

　　书案，案形结构，是腿缩进桌面，通常带有抽屉的案形家具。

9. 琴桌

琴桌，是专为弹琴而制造的桌子，桌面分上下两层，形成一个共鸣箱，奏琴时会发生共鸣，也有的琴桌被用来当做一种陈设，以示清雅。

宋代赵佶的《听琴图》中描绘的琴桌，桌面下设有音箱，四围描绘着精美的花纹。明清时期的琴桌大体沿用古制，尤其讲究以石为面，如玛瑙石、南阳石、永石等，也有采用厚面木桌的。因郭公砖（一种古砖，空心砖）都是空心的，也有以郭公砖代替桌面，且两端透空，使用起来音色效果更佳。琴桌还有填漆戗金的，以薄板为面，下装桌里，与桌面隔出三厘米至四厘米的空隙，桌里镂出钱纹两个，是为音箱。

10. 供桌、供案

供桌，指厅堂上置于天然几前的一种长方形桌子，高度约与方桌相等。祭祀时常供设香炉、蜡竿和摆放供品，故名供桌。常与香几、八仙桌和两只"独座"（古代大户人家厅堂中使用的扶手椅）构成一组家具，是中国传统红木家具中常见的一种家具式样。

供案，功能和用途与供桌相同，主要存在造型上的差异。以有无吊头来区分，无吊头的为供桌，有吊头的为供案。

◀ 图3-25　琴桌

▲ 图3-26　供桌

▲ 图3-27　供案（六合院　供）

11. 香几

香几，是一种放置香炉用的家具，因此而得名。一般家具多作方形或长方形，香几则大多为圆形，较高，而且腿足弯曲较夸张，且多三弯脚，足下有托泥。香几不论在室内或室外，多居中设置，无依无傍，面面宜人观赏。

高濂的《燕闲清赏笺》曾对各种香几详细描绘："书室中香几之制，高可二尺八寸，几面或大理石，或岐阳、玛瑙石，或以骰子柏镶心，或四、八角，或方或梅花、或葵花、茨菇、或圆为式，或漆、或水磨，诸木成造者，用以阁蒲石，或单五笔型中置香缘盘，或置花尊

▲ 图3-28　香几（六合院　供）

以插多花，或单置一炉焚香，此高几也"。说明了香炉不仅是置香炉之用，更是点缀文人雅室的艺术品。

三、柜格类

1. 架格

架格，又称"书架"或"书格"，是以立木为四足，取横板将空间分隔成几层，用以陈置、存放物品的家具。因其用途可兼放他物，不只限书籍，故今用架格这个名称。

架格是一种典型的明式家具。明式架格一般都高五六尺，依其面宽安装通长的格板。每格或完全空敞，或安券口，或安圈口，或安栏杆，或安透棂，其制作虽有简有繁，但均应视为明代的形式。至于用横、竖板将空间分隔成若干高低不等、大小有别的格子，称之为"多宝格"或"博古格"。即使雕饰不多，也应列入清式。

2. 亮格柜

亮格柜，其中亮格是指没有门的隔层，柜是指有门的隔层，故带有亮格层的立柜，统称

▲ 图3-29　架格（六合院　供）

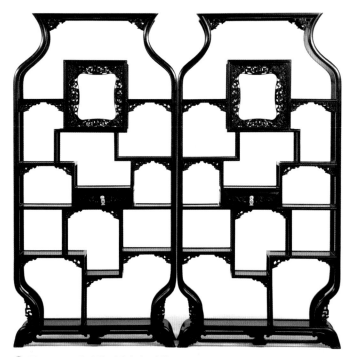

▲ 图3-30　多宝格（古佰年　供）

"亮格柜"。亮格柜是格与柜的结合体，常见形式是架格在上，柜子在下。架格齐人肩或稍高，多于左右及上沿装一壶门式牙板，其中置器物，便于观赏；下部柜子对开两门，柜内贮存物品，重心在下，有利稳定。

亮格柜有一种比较经典的式样，即上为亮格一层，中下为柜，柜身无足，柜下另有一具矮几支承。这种形式，相传最早流行于明朝万历年间，故称之为"万历柜"。亮格柜常陈设于厅堂和书房，一般靠墙摆放，作收纳陈设之用，既实用又风雅，颇受当时文人士大夫阶层青睐。

3. 圆角柜

圆角柜，又称"面条柜"。从结构来看，柜角之所以有圆有方，是由有柜帽（柜顶出柜身的部分）和无柜帽来决定的，而柜帽之有无，又是由两种不同装门的方法来决定的。柜帽的转角，多削去硬棱，成为柔和的圆角，因而叫"圆角柜"。因木轴门多用圆材，并常用浑面起线等线脚，因而叫"面条柜"。

圆角柜的尺寸以小型、中型为多，大型的比较少，至今未见像方角柜那样有带顶柜的圆角柜。在用材上，圆材或外圆里方的居多，方材较少。即使用方材，也多倒棱去角。同为圆材，柜足棱瓣线脚又有多种变化。在柜门上，有的有闩杆，有的无闩杆。门扇本身又有通长装板的，或三抹、四抹分段装板的。柜身又有"有柜膛"和"无柜膛"之分。柜膛又叫"柜肚子"，有了它可以多放一些东西。

4. 方角柜

方角柜，基本造型与圆角柜相同，不同之处是，柜体垂直，四条腿全用方料制作，没有侧脚收分。方角柜有硬挤门和安闩杆两种，区别在于有无闩杆。柜顶没有柜帽，故不喷出，四角交接为直角，且柜体上下垂直，柜门采用明合页构造。

△ 图 3-31 亮格柜

△ 图 3-32 圆角柜

方角柜小、中、大三种类型都有。小型的高约1米，也叫"炕柜"，中型的高约2米，小型和中型方角柜一般上无顶柜。大型的方角柜一般由上下两截组成，下面较高的一截叫"立柜"，又叫"竖柜"；上面较矮的一截叫"顶柜"，又叫"顶箱"。上下合起来叫"顶箱立柜"。又由于柜子多成对，每对柜子立柜、顶箱各两件，共计四件，故又叫"四件柜"。有的为顶箱便于举起安放，把一个顶箱分造成两个，于是一对柜子共有六件，故叫"六件柜"，高度一般在3米以上。

四、床榻类

1. 榻

榻，是指狭长而较矮的床形坐具，亦泛指床。一般较窄，除个边宽者外，只宜供一人睡卧。榻有无束腰和有束腰两种形制。无束腰的榻，有的用直枨加矮老，有的用罗锅枨加矮老，有的不用矮老而代以卡子花。枨子有的用格肩榫与腿子相交，有的为裹腿做。一般都是圆材直足，方材或方材打洼的都少见。其形式与某些无束腰的长凳、炕桌相通，和无束腰的罗汉床床身更多似处。

▲ 图3-33　方角柜

有束腰的榻，最基本的形式是方材，素直牙条，足端造出内翻马蹄。榻的变化多出现在腿足、牙子和束腰的造法上。腿足有的造成鼓腿彭牙式，马蹄向内兜转；有的造成三弯腿式，马蹄向外翻卷。同为内兜或外翻马蹄，其形或扁或高，或加圆珠，或施雕饰，式样不一。有的腿子还挖缺，做残留着壸门牙脚的痕迹。牙子有的平直，有的铲出壸门式曲线，有的光素，有的加雕刻纹饰结合。束腰亦可采用高束腰，装入托腮及露明的腿子上截的槽口内；也可以加短柱，束腰分段做，形成绦环板，并可在上面施雕饰或镂挖鱼门洞等。

2. 罗汉床

罗汉床，是指左右及后面装有围栏的一种床。这类床形制有大有小，通常把较大的叫"罗汉床"，较小的叫"榻"，又称"弥勒榻"，也叫"宝座"。罗汉床不仅可以用作卧具，也可以用为坐具。一般正中放一炕几，两边铺设坐垫、隐枕，放在厅堂待客，作用相当于现代的沙发。

罗汉床有无束腰和有束腰两种形制。罗汉床床身有各种不同造法，其变化不仅与榻相同，

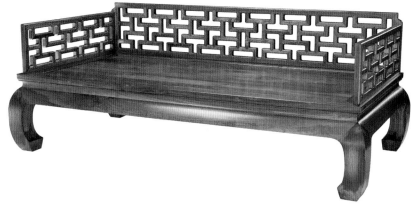

◀ 图 3-35　罗汉床

还与炕桌近似。罗汉床一般三面有围子，围屏有三屏、五屏、七屏、九屏（清式风格较为少见），围屏之间一般从背面到两侧做出由高到低的阶梯式落差，每块围屏的两端还通常有阶梯型软圆角。围屏的做法有繁有简，最简单的是三块光素的整板，复杂的有施以各种雕刻、镶嵌、描金、小料攒接等，一般明式的较为素雅，清式的较为华贵。

3. 架子床

架子床，是指床身上架置四柱、四杆的床。架子床因床上有顶架而得名，最基本的造型是三面设矮围子，四角立柱，上承床顶，顶下周匝往往有挂檐，或称横楣子。稍微复杂的架子床在床沿加两根门柱，门柱与角柱间还加两块方形的门围子，称"门围子架子床"或"六柱床"。在正面床沿安"月洞式"门罩的，称"月亮门"式架子床。四面围子与挂檐上下连成一体，除床门外，形成一个方形的完整花罩的，称"满罩式"架子床。装饰多以历史故事、民间传说、花鸟山水等为题材，含和谐、平安、吉祥、多福、多子等寓意。

架子床在传统红木家具中是体型较大的一种家具，做工精美，清雅别致，如以黄花梨制作，弥足珍贵。架子床藏风聚气，配以帐幔，便能形成一个独立的小空间，能让人安稳入睡，

轻松自在，正符合中国人不偏不倚、含蓄内敛的精神追求，是中国人钟爱的寝具。架子床不论大小繁简，主要为睡眠安歇之用，多放在卧室。

4. 拔步床

拔步床，又称"八步床"，据说是因为体积太大，需要走八步才能上床；也称"踏步床"，是因为需要踏一步才能上床。拔步床是中国传统红木家具中体形最大的一种床，流行于明清时期。它是一件极为贵重的家具，通常在大户人家的婚嫁中用作女儿的嫁妆。往往千金小姐们一出生，父母们便着手请著名的工匠打造他们出嫁时的婚床，不惜重金，精益求精，小说中经常出现"千工拔步床"的说法。

据《鲁班经匠家镜》记载，拔步床有简繁两种形式。简单的拔步床就像是"扩容版"的架子床，在架子床外增加一间小木屋的"外套"，床的前方可能有一级阶梯或踏板，通过两边的木制围栏将床与踏板隔开。繁复的拔步床的结构仿佛一间小房子，形制高大，用料宽厚，下设地

◀ 图 3-37　拔步床
（私人藏家周奔 供）

坪，床身架在地坪上，上设罩箱，床藏于罩箱内，前有回廊，可以容纳储物柜、桌、凳、脚踏、梳妆台等小型家具，还有的放置有马桶，古人生活的吃喝拉撒睡基本都可以在拔步床内解决。

五、其他类

1. 屏风

屏风，室内用来挡风的一种家具，也可作为装饰摆设，是传统家具的重要组成部分。屏风一般陈设于室内的显著位置，起到分隔、美化、挡风、协调等作用。

屏风的种类繁多，一般按形制、题材、工艺划分的居多。按形制划分，屏风有插屏（座屏）、折屏（曲屏）、挂屏、炕屏、桌屏（砚屏）。按题材划分，屏风有历史典故、文学名著、宗教神话、民间传说、山水人物、龙凤花鸟，也有将书画装裱于屏面或在屏面上直接书法绘画的。按工艺划分，屏风有漆艺屏风、木雕屏风、镶嵌屏风等。

◀ 图 3-38　插屏

2. 台架

面盆架，是多足且面心可以承托盆类容器的架子。尺寸上可分高低两种，高面盆架多为六腿，两条后腿高长，在盆架靠后的两根立柱通过盆沿向上加高，上部搭脑两端出头、上挑，中有花牌。搭脑之下常有挂牙护持，可以在上面搭面巾。低面盆架，一般都取朴素无饰的式样。面盆架造型上有三腿、四腿、六腿等不同式样，结构上有整体和可折叠两种。

衣架，是古代放在卧室中用来搭放衣物的架子。基本造型大同小异，下部以木墩为座，上边是立柱，在木墩与立柱之间的部位有站牙扶持。立柱之上有搭脑，搭脑两端出头，一般都作圆雕装饰。衣架中部常有镶嵌或雕饰华美的花板。其置放处所多在卧室，或在架子床之前靠墙的一边，或在床榻之后及旁侧，便于将衣衫搭上或取下。

灯架，是古代室内照明用具之一，用来放置蜡烛之

▲ 图 3-39　面盆架

类的照明物，亦有陈设的作用。造型上可分为两种，一种是挑杆式，一种是屏座式。挑杆式用以挂灯，屏座式用以坐灯。而屏座式又分为固定式和可升降式，固定式常见明式，而可升降式则见清式。屏座式灯架犹如插屏的座架，屏框的里口开出通槽，用一横木两头做榫镶入槽内，可以上下活动。

△ 图 3-40　衣架

△ 图 3-41　灯架

3. 都承盘

都承盘，又称"都丞盘""都盛盘"或"都珍盘"，是一种用以置放文具、文玩等的案头小型家具。从传世实物来看，清代比明代更为流行，式样颇多。

一般的都承盘体型不大，多为方形结构，上下两层。上层通常由四面栏杆造成井字榥格，北京匠师称之为"风车式"。上层用以盛放笔筒、印盒、小器玩等物品。下层通常设有两具抽屉，用以盛放印章等小型文房器物，是书房桌面上一件重要的收纳工具。还有的都承盘精妙地安装了机关，采用推入式方法开启柜门，推入两边抽屉则可合上都承盘，不需要把手和拉环。

△ 图 3-42　都承盒

4. 官皮箱

官皮箱，是明清时期比较流行的家居实用器物，一般用于盛装贵重物品或文房用具，可放置文件、账册、契约或珍贵细软物品，又由于其携带方便，常用于官员巡视出游之用，故北京匠师俗称"官皮箱"。还有的在箱盖里面装上镜子，即为"梳妆匣"或"梳妆箱"，有的用于存贮文具，则为"文具箱"，可以说官皮箱是男女老少皆宜的一个家具品种。

官皮箱一般由箱体、箱盖和箱座组成。箱体前有两扇门，内设抽屉若干，箱盖和箱体有扣合，门前有面叶拍子，两侧安提手，上有盖子。

⬆ 图 3-43　官皮箱

5. 提盒

提盒，又称"提食盒"，是一种盛放物品的器具。它用对称的提梁托着盒子，用多层平屉垒放而成，周遭设有柜架，以保证屉的平稳；也有穿过上盖的铜梁，以便锁固。提盒最普遍的用途是用来盛放食物，便于富裕人家的旅行、郊游，也便于大户人家饮食的保温。提盒做工精细，选材精良，比例优美，结构巧妙。

⬆ 图 3-44　提盒

第二节　红木家具的装饰

红木家具的装饰主要包括纹样、线脚和结构三个方面的装饰。装饰纹样内容丰富，题材广泛，包括吉祥神兽、动物、植物、人物、器物、组合类等，并由于民俗、艺术、宗教等方面的影响，赋予不同的寓意与意境，多表现了对生活的美好期待。装饰线脚主要运用在红木家具的边抹、枨子、腿足等部位，通过家具部件表面处理产生的或凹、或平、或凸、或直、或曲的各种"线型"，体现不同的艺术特色。装饰结构则兼具了实用和美观的作用，或繁或简地精心组合，不断地突出主体，使得家具更具美感。

一、装饰纹样

1. 吉祥神兽纹样

红木家具中常见的吉祥神兽纹样主要包括龙纹、凤纹、麒麟纹、螭纹等，造型既写实又夸张，构图注重气势和张力，寓意吉祥和瑞，人们借助这些纹样表达对美好生活的向往和追求。

（1）龙纹

龙，作为中国人所独有的图腾，是中华文化和华夏民族的象征。龙纹图案多样，红木家具上的龙纹装饰一般有常规龙纹和变体龙纹两大类。常规龙纹图案较为写实，具有牙角鬃髦俱全、鳞片爪尾分明的特征，主要有正龙、升龙、降龙、行龙等形式，常见的图案有双龙戏珠、云龙、龙生九子等。变体龙纹各部位刻画较为抽象，形态处理比较自由，主要形式有螭龙、夔龙、拐子龙等形式。龙纹在不同的历史时期有着不同的表现特征。明代时，龙纹经演变呈腿上全部拉线，头上毛发上

▲ 图3-45　龙纹

冲，龙须外卷或内卷，五爪呈风车状。到清代，龙头毛发横生，出现锯齿形腮，尾部有秋叶形装饰。

（2）凤纹

凤，在古代被尊为鸟中之王，是吉祥、美丽的象征。与龙纹组合在一起，意为"龙凤呈祥"，象征美好尊贵。由于备受人们喜爱，其纹样内容十分丰富，如工匠艺人口诀称："首如锦鸡，冠似如意，头如藤云，翅如仙鹤"。有作单凤的，也有以凤和凰成双构成的，代代相传，变化无穷。凤在皇宫内比喻后妃，用凤纹装饰的器物多为后妃们专用。明清时期，凤纹装饰形成了较为特定的形式。

▲ 图3-46 凤纹

（3）麒麟纹

麒麟，是古代传说中的动物，是"四灵之首，百兽之先"。麒麟的出现被认为是圣王之"嘉瑞"。麒麟纹为古代常用的装饰纹样。至明清时，麒麟纹样发展得十分丰富，有的头、尾渐变成龙纹，有的蹄变为爪形等。传统红木家具上的麒麟装饰纹样形态各异，特征鲜明，或蹲或站，或回首望日，或昂首驮童子。"麒麟送子"是我国古代祈子法的一种，是传统红木家具上常见的装饰纹样，图案为童子手持莲花、如意，骑在麒麟上。当麒麟纹与凤纹样相组合，其寓意近似于"龙凤呈祥"，常被用在床的挂檐、围子和梳妆台的花板上。

▲ 图3-47 麒麟纹

2. 动物纹样

红木家具中常见的动物纹样主要包括蝙蝠纹、狮子纹、八骏马纹、鹿纹、仙鹤纹等，将寓意丰富的动物纹样雕刻于红木家具上，赋予家具灵性与美感。

（1）蝙蝠纹

蝙蝠，在我国传统文化中是幸福的象征，蝙蝠纹经常用于古代家具的装饰。因"蝠"谐音"福"字，蝙蝠的飞临，寓意"进福"，表达人们对幸福从天而降的一种期盼。传统红木家具中以蝙蝠为题材的装饰纹样较为常见，形式变化丰富，尤其体现在宫廷家具上。常见的有

▲ 图3-48 蝙蝠纹

单绘蝙蝠的，如倒挂蝙蝠、双蝠、四蝠、五蝠等图案；更多的是与其他吉祥物组合而成的纹样，如将蝙蝠、寿山石加上如意或灵芝，名曰"平安如意"，将蝙蝠与云纹组合在一起，名曰"宏福齐天"。

（2）狮子纹

狮子，在中国古代时称"狻猊"。相传狮为百兽之王，可镇百兽，是权力与威严的象征。因此，古代常用石狮、石刻狮纹"镇门""镇墓"和"护佛"，用作辟邪。在用于家具纹样装饰上，多采用"狮子戏绣球""太师（狮）少师（狮）"之类的图案，寓意吉祥喜庆。在传统红木家具中较为常见。

△ 图 3-49　狮子纹（古佰年 供）

（3）八骏马纹

八骏马纹，图案为姿态各异的八匹骏马，是一种传统寓意纹样。八骏均采用奔跑、疾走、攀登、翻滚等姿态，整幅画面构图饱满，左右呼应，疏密相宜，配合娴熟的雕刻技法让八骏栩栩如生。是传统红木家具上非常精致的一种纹样。

△ 图 3-50　八骏马纹

（4）鹿纹

鹿，在古代被认为是一种神兽，人可乘骑升仙。因鹿与福禄的"禄"字谐音，故鹿纹也成了"福禄常在、官运亨通"的象征。鹿纹与其他纹样相结合又有不同的寓意，如与表示祥瑞的花草结合在一起，既清新优雅，又表达了人们的美好愿望。鹿纹在传统红木家具上应用很多，如拔步床的花板上多刻有两只梅花鹿，相背顾盼，构图均齐，一鹿口中衔梅花一朵，背景衬饰松石青竹，内容颇具新意。

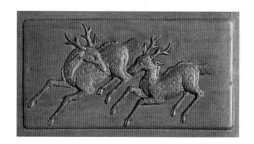

△ 图 3-51　鹿纹

（5）鹤纹

鹤，是民间寓意羽族的长寿鸟，称为仙禽、一品鸟。其姿态是长颈、素羽、丹顶。一只鹤立水潮和山石上的图纹表示"一品当朝""福山吉水"；日出时的仙鹤飞翔，表示"指日高升"；与松树配合，代表"松鹤长春""鹤寿松龄"；与龟配合，为"龟鹤齐龄""龟鹤延年"。鹤图纹多见于寝室用品和屏风，有"团鹤""翔鹤"等形式。

△ 图 3-52　鹤纹

3. 植物纹样

红木家具中常见的植物纹样主要包括牡丹纹、荷花纹、卷草纹（缠枝纹）、灵芝纹、西番莲纹、竹纹等，这些植物造型清新雅致、多姿多彩，既有自然之趣，又有生活之美，有着独特的艺术韵味。

（1）牡丹纹

牡丹，花大色艳、花形饱满、绮丽多姿，象征吉祥富贵，是传统红木家具上使用最广泛的植物装饰纹样之一。牡丹纹有折枝牡丹和缠枝牡丹两种。折枝牡丹常在柜门、背板上雕刻或彩画；缠枝牡丹则常用来装饰边框，多采用螺钿镶嵌或金漆绘彩。牡丹与凤相结合的纹样，象征美好、光明和幸福。

▲ 图 3-53　牡丹纹（私人藏家周奔 供）

（2）荷花纹

荷花，又称莲花，在佛教中代表"净土"，象征纯洁，寓意吉祥，在中国传统文化中也寓意"君子"。荷花常用于屏类家具，以碧玉、青玉、白玉饰荷叶，形成色彩艳丽、形象逼真的立体图画。不同时期的荷花纹形象不同，也具有不同的寓意。明代早、中期的莲瓣较宽大，排列渐紧，瓣与瓣间空隙渐小，莲瓣完全连在一起。到清代，莲瓣逐步变形，即所谓异化、图案化、或似像非像，此时的荷花纹已不再具有严格的宗教神圣意义，更多地是象征生活的美满幸福。

▲ 图 3-54　荷花纹

（3）卷草纹（缠枝纹）

卷草纹，又称"万寿藤"，起源于汉代，以一种由藤蔓卷草形象经提炼概括变化而成的纹样，造型婉转多姿、富有动感，寓意吉祥。因其结构连绵不断，又具"生生不息"之意。卷草纹是在一条连续不断的波状主茎上，饰以各种花卉、枝叶或其他装饰纹样，作对称式或连缀式的线条形纹饰，因其极易与家具的线脚呼应协调，故运用非常广泛，有严谨工整之美。

▲ 图 3-55　卷草纹

（4）灵芝纹

灵芝，是一种名贵药材，由于数量稀少，比较罕见，被视为仙草。灵芝纹寓意长寿、祥瑞，见到灵芝则

▲ 图 3-56　灵芝纹（古佰年 供）

被视为祥瑞的征兆，所以为人们所喜爱，也是传统红木家具上常见的装饰纹样。明代灵芝纹较写实，形象灵巧秀美；清代以后逐渐趋向程式化，多呆板的堆砌，渐失传统精华。

（5）西番莲纹

西番莲为西洋的一种花卉，匍地而生。花朵如中国的牡丹，有人称"西洋莲"，又有人称"西洋菊"。西番莲纹来源于西方，明代传入中国，它在西方纹样中的特殊地位，就好像是中国的牡丹纹。西番莲花大形美，匍匐蜿蜒，枝叶可随意绵延，适用于红木家具各个部位的雕刻，特别适合作为边缘装饰。西番莲纹传入中国后，又与牡丹纹、莲纹等中式纹样相互融合，呈现出中西结合之美。西番莲纹代表着富贵、华丽、丰茂。

△ 图3-57　西番莲纹

（6）竹纹

竹纹又称竹子纹。竹，清高而有节，宁折不屈，开怀大度，通常与梅、松组成岁寒三友纹饰。竹滋生易、成长快，故人们又用来喻子孙众多。同时，竹临霜不凋，四季常绿，以其拔节向上，虚心有节，而被誉为梅兰竹菊四君子之一。竹，与"祝"同音，又有吉祥祝福的寓意。

△ 图3-58　竹纹

4. 人物纹样

红木家具常用的人物纹样主要取自神话、戏曲、历史典故、宗教等题材，是故事性较强、对雕刻技法要求较高的一类纹样。

（1）八仙纹

八仙，是道教中八位仙人的总称，即汉钟离、吕洞宾、铁拐李、曹国舅、蓝采和、张果老、韩湘子、何仙姑，相传他们得道成仙，各有一套本领，故有"八仙过海，各显神通"之说。民间祝寿多以八仙为题，称"八仙祝寿""八仙捧寿"。有的图案仅画八仙所持的葫芦、扇子、鱼鼓、笊篱、横笛、宝剑、阴阳板、花篮八种宝器，称为"暗八仙"。

（2）三星高照纹

"三星"是指福、禄、寿三星。福星亦称岁星和福神，是太阳系九大行星之一的木星。传说在年末岁首之际，福星就会降临人间赐福。这样，人们除夕之际都会等待岁星的降临，以祈

△ 图 3-59 八仙过海纹

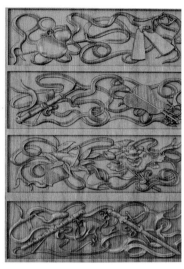

△ 图 3-60 暗八仙纹

望福星降临，以获得福运，来年幸福吉祥，家运兴旺。禄星也称"文神""文昌""文曲星"，原是星神。是掌管文运利禄的神灵，是富贵之神。寿星中男寿星是指南极仙翁，女寿星是指麻姑，掌管人寿长短和生老病死。男寿星长着高额，拄着鸠杖，女寿星麻姑通常是手捧寿桃，有衔着灵芝的梅花鹿随其后。三星高照纹象征着幸福、富有和长寿。

（3）戏曲人物纹

戏曲，是古代休闲娱乐的主要项目之一，戏曲人物和故事很多都来源于现实社会和生活，人们可以通过戏曲了解历史、向往美好生活、憧憬美好爱情等，因此，工匠们也经常将戏曲人物图纹雕刻在红木家具之上。此类图纹多根据传统戏剧片断的一个或多个场面形成纹样，让人们美育生活，寓教于乐，四季平安，风调雨顺。戏曲人物多和亭台楼阁并用，常表现在漆饰的竖柜、橱柜正面。常见的戏曲人物纹题材有《牡丹亭》《白蛇传》《醉仙楼》等。

（4）《三国演义》故事纹

《三国演义》是我国一部古典文学名著，塑造了众

△ 图 3-61 三星高照纹

△ 图 3-62 戏曲人物纹

多个性鲜明的人物形象，有忠义、智谋、英勇，也有奸诈、狡黠、阴谋。其中故事深受人们的喜欢，是民间传布广泛、大众熟悉的装饰题材。三国故事纹在家具上不仅仅是一个简单的装饰点缀，更像是一幅小型雕刻艺术品，展现了精致卓越的家具装饰技艺，体现了不同历史时期家具的文化价值和艺术价值。

🔺 图 3-63　三国演义故事纹

5. 器物类纹样

红木家具常用的器物类纹样主要有博古纹、方胜纹等，人们将器物的典雅高洁、古香古色、美好寓意通过雕刻在红木家具之上来进行表达，符合中国人自古以来寓情于物、托物言志的表达方式。

（1）博古纹

博古纹，是一种古器题材的装饰纹样。中国北宋大观中，宋徽宗命王黼等编绘宣和殿所藏古器，成《宣和博古图》三十卷。后人将图绘瓷、铜、玉、石等各种古器物的画，叫做"博古"。博古纹寓意清雅高洁，是传统红木家具上常用的装饰题材。除了古器，有的图案在器物口上添加各种花卉、果品等，以做点缀。

🔺 图 3-64　博古纹

（2）方胜纹

方胜纹，是指两个菱形压角相叠形成的图案纹样。"胜"原为古代神话中西王母所戴的发饰。方胜纹对称、均衡、连续的构图，同心相连、延续不断，强烈而简洁的装饰感与中国人独特的生活经验、感情色彩和审美心理相融合，表达着了人们对幸福生活、美满婚姻的渴求和期盼，同时也传达着人类自始至终对生命无限的崇拜和对吉祥的恒久企盼。

🔺 图 3-65　方胜纹

6. 几何纹样

红木家具常见的几何纹样有回纹、卍字纹、曲尺纹、云纹等，呈现回环反复的视觉效果的几何图案，规矩之中带有律动之美，简洁之中带有空灵之美。

（1）回纹

回纹，是指"回"字形纹饰，形态以一点为中心，用方角向外围环绕。回纹是一种由陶器和青铜器上的雷纹衍化而来的几何纹，寓意吉利绵长，苏州民间称之为"富贵不断头"。回纹纹样在古代的织绣、瓷器、建筑和家具上到处可见，主要用作边饰和底纹。清代红木家具的四脚常用回纹作装饰，也有用连续回纹作边缘装饰的，称"回回锦"，具有整齐统一的艺术效果。

▲ 图 3-66　回纹（古佰年 供）

（2）卍字纹

卍字纹，又称"万字纹"，是古代的一种符咒、护符或宗教标志，常被认为是太阳或火的象征。被唐代武则天在长寿二年采用为汉字，此字读为"万"，故称"万字纹"。卍在梵文中意为"吉祥之所集"，有吉祥、万福、万寿之意。传统红木家具上卍纹装饰形式多样，明代多采用正卍纹排列；清代多采用卍纹作相互联沿，或二方，或四方，有的在互连中还构成复式，整体效果华丽繁复，也有用攒斗形式组成卍字连缀图案，更具特色。这种连续的花纹常用来寓意绵长不断和万福万寿不断头，因此也叫"万寿锦"。

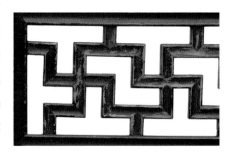

▲ 图 3-67　万字纹

（3）冰格纹

冰格纹，因其形状似有冰碎开裂的花纹，故称"冰格纹"，也称"冰裂纹"。冰格纹是将"裂纹"通过规律性的排列后，形成有序的一种连缀式传统装饰几何纹样。冰格纹是采用木工兜料攒接而成，是传统红木家具上常见的图案，常用于床围子、屏风以及桌几的下搁板处，营造通透空灵的艺术效果。

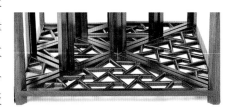

▲ 图 3-68　冰格纹

（4）曲尺纹

曲尺纹又称"曲折纹""波折纹""三角折线纹""曲带纹"等，是一种常见的中国传统几何装饰纹样，以连续线条折曲而成。是用短直线、横线、斜线，或连续、或有间断组成的单纯与复合带状的纹样类，细致精巧，线条流畅，简洁大方。常用于床围子上。

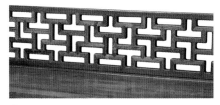

▲ 图 3-69　曲尺纹

（5）云纹

云是中国器物上的重要装饰形象，广泛应用在铜器、石刻、漆器、壁画、服饰、家具上。中国意匠的云形，不仅形象丰富生动，且更具有中国图案独特的意境美，那飘急缤纷的流云伴随着神仙、神禽、宝物等，犹如眼前呈现一片笙歌悠扬、腾云驾雾的神幻气氛。云纹有祥云纹、勾云纹、云雷纹等不同的样式。

◎ 图3-70　云纹

二、装饰线脚

线脚是家具部件截断面边缘线的造型线式，也是红木家具线条的装饰艺术，是红木家具的骨骼。红木家具上常用的线脚有很多种，包括皮带线、碗口线、鳝鱼肚、鲫鱼背、芝麻梗、竹片浑等。线脚主要应用在红木家具的边抹（大边和抹头，即家具案面的长短两边）、枨子和腿足上。各种线脚在方与圆之间产生的种种形变，或凹、或凸、或平，丰富了红木家具造型空间层次感，加强了各部件形状和轮廓的统一性，充实了家具造型，增添了艺术情趣，在一鼓一洼，一宽一窄，一进一出之间展现匠心独运。

常见的线脚类型如下：

① 阳线：指高出平面，或浑面凸起的线型。

② 凹线：指凹入平面的线型。

③ 线香线：是所起阳线的一种样式，线型挺直，圆曲率比一般阳线大。

④ 剑脊棱：指中间高，两边斜仄的线型，犹如宝剑的剑背。

⑤ 皮带线：指一种比较平扁但又较宽的阳线，因像马车上使用的皮条而得名，较窄的叫皮条线。

⑥ 拦水线：指沿着桌面边沿起一条凸起的阳线，它的作用就是拦住酒水，不让酒水沿桌面流下。

⑦ 弄堂线：指两边高起，中间凹进的一种线型。

◎ 图3-71　各种线脚截面

⑧ 芝麻梗：指用两条洼线组成的线脚，因为形状像芝麻梗一样而得名。

⑨ 竹片浑：指像竹片那样圆弧形的浑面线型。

⑩ 文武线：指由一凸一凹两种线型组成的线脚。

⑪ 捏角线：指方形材或长方形材在边棱上打折的线型。

⑫ 瓜棱线：明式家具中的桌子、柜子的腿足通常用料较粗，一般要做成起棱分瓣一类的线脚，又称为甜瓜棱。

⑬ 天盘线：与拦水线相似，但位置不在边沿，而在面框的内沿，常见于茶几、花几之类面框较小的家具面上。

⑭ 改竹圆：一种像鼓一样圆凸起的线脚。

线脚按应用部位分为以下三类：

1. 边抹线脚

家具案面用攒边打槽的方法做成的，边框上长而出榫的料称大边，短而凿眼的料称抹头，合称边抹。边抹通常运用线脚来装饰，主要起到美观的作用，有的也有实际功能，如桌面上会有一圈挡水线，而线脚之外桌面四周略高于桌面，用来防止桌面上的水溢出。

边抹线脚大致可分为两类。一类是上舒下敛、上下不对称的，其断面与盘碟边沿的断面相似，北京匠师统称之为"冰盘沿"。另一类则并非上舒下敛型，其有上下对称的，也有上下不对称的，统归为一类。

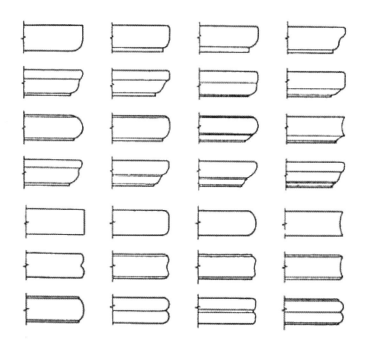

◀ 图 3-72 各种边抹线脚

2. 帐子线脚

帐子是家具腿足间的结构，一般用料比边抹小。帐子上的线脚一多半是上下对称的，少数是不对称的。一般来说帐子上的线脚造型与边抹上的类似，但也有边抹上罕见的，如"剑脊棱"，是一种中间高起、用脊线分成两个斜坡的线脚样式，常用在闷户橱的帐子上。裹腿帐通常做成劈料的样子，即在一根料上做出两个圆柱形线脚。帐子与案面之间通常会安装矮老（或卡子花），矮老的线脚也随着帐子的线脚，营造出统一和谐的感觉。

3. 腿足线脚

家具腿足根据其断面一般可分为圆形、方形、扁方及扁圆形四类，它们各有不同的线脚。

（1）圆足：圆形腿足大部分是正圆的，大多光素无线脚。在此基础上开浑面棱瓣，浑面或宽窄相等，或有宽有窄而作有规律的相同；也有开洼面棱瓣，每两个凹槽之间突起犀利的脊线。这两种线脚往往在一腿三牙的方桌上出现。

（2）方足：方足一种是四面平直，仅将角棱倒去，光素无线脚；另一种是朝里两面平直，只在朝外的两个看面上造线脚，可称之为里外有别的线脚。最常见的是无束腰机凳、各种椅子及圆角柜上常见的所谓的"外圆里方起阳线"的线脚。比较特殊的是方腿把朝里的一角挖去，断面形成曲尺形，即所谓的"挖缺做"，桌子及床榻的腿足都有这种造法。

（3）扁方足和扁圆足：扁方足有的看面微呈浑面的形状，两角倒棱，其余三面则是平直的。更多的则是看面两边压边线或起边线，边线之间形成一个大浑面，即所谓的"浑面压边线"和"浑面起边线"。或把此浑面中分，形成两个浑面，犹如劈料做。扁圆足有的光素无线脚，有的朝里一面略带平直。这类腿足多用在案形结体的家具上，如炕案、书案、条案、画案等。

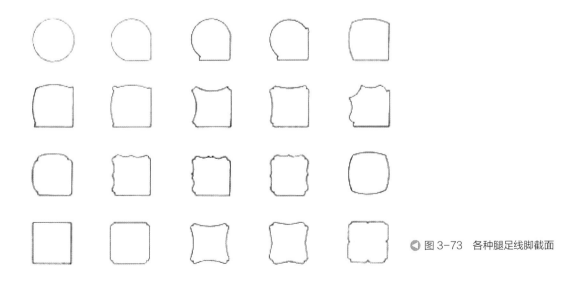

◀ 图 3-73 各种腿足线脚截面

三、装饰结构

1. 牙子

牙子是家具的立木与横木的交角处采用的类似建筑中"替木"的构件，一方面起到了支撑重量、加强牢固的作用，另一方面又具有极其丰富多彩的装饰功能。牙子根据其所处的部位与形制大致可分为以下几类：一是较长的牙条，在几案类家具上应用很多，牙条的轮廓有壶门式、海棠式、洼膛肚式等样式；二是一种位于家具夹角结构上的短小花牙，叫做牙头，用在几案类家具上，一般位于腿足和台面之间，一般雕刻有云纹、棂格、卷草、龙凤等图案；三是用在衣架、盆架上部搭脑两侧的挂牙，巾架中间的托角牙子和下端的站牙子，一般都采用透雕的方式。

△ 图 3-74 牙子

2. 束腰

束腰是指在家具面沿下作一道向内收缩、长度小于面沿和牙条的腰线，如同给家具加上一条腰带，显得线条迷人。它与佛座中的"须弥座"颇有渊源，是从建筑的框架借鉴而来的，在家具上起到于面板和腿足间过渡的作用，并且增加装饰艺术的发挥空间，可以施以雕刻、镂空、线条的变化，让家具造型变化更为巧妙却又严守美学原则。束腰分为高束腰和低束腰，高低指束腰的高度。

△ 图 3-75 束腰

3. 枨子

枨子是指不同结构间的连接结构，主要起到加固和稳定作用，也有一定的装饰作用。

（1）霸王枨：霸王枨是家具台面、座面与腿足间常用的榫卯结构，整体为S型，形态像一臂擎物似的，可把台面承受的重量分散，更均衡地传递到腿足上来。霸王枨设计极为巧妙，既能稳固家具的结构，不妨碍使用，又具有装饰效果，直线与曲线巧妙结合，于简洁中

⚠ 图 3-76 霸王枨

⚠ 图 3-77 裹腿枨

⚠ 图 3-78 罗锅枨

⚠ 图 3-79 管脚枨

体现出优雅大气，极具线条感。

（2）裹腿枨：裹腿枨又叫圆包圆。裹腿枨一方面能够使家具结构更加稳固，并且外形圆润不会磕碰人；另一方面，裹腿枨会增强家具的曲线美，让家具造型更加柔和圆满，并且常和垛边一起使用，错落有致，精致讲究。

（3）罗锅枨：罗锅枨又叫桥梁枨，是用于腿足间横枨，因为中间高拱、两头低，形似罗锅而得名。罗锅枨的做法本身就很有讲究，它不是单纯的弧度达到标准就好，而是需要突出与家具的呼应和流畅感。

（4）管脚枨：管脚枨是腿足间较为靠下的枨子，两根或者四根都有，在椅凳类家具上应用极多。管脚枨可以做成后面低、两侧高、前面最高的样式，称为"步步高赶枨"，寓意仕途步步高升。

4. 卡子花

卡子花为红木家具上的雕花饰件，多用在"矮老"的位置，实际就是装饰化了的矮老，常被雕刻成方胜、卷草、云头、玉璧、铜钱、花卉、双套环等形状，既起到了矮老的加固作用，又有较强的装饰效果。通常有22、11的排列组合。

△图3-80　卡子花

5. 腿足

家具腿足虽然是功能部件，但其造型多样，线条婉转，可以起到很好的装饰作用。常见的装饰造型腿足如下：

（1）马蹄足：传统家具的腿足以马蹄形最为常见，大多用于有束腰的家具上，分内翻马蹄和外翻马蹄两种。其中，内翻马蹄在直腿弯腿上都有运用，但外翻马蹄一般用于弯腿。马蹄足有带托泥和不带托泥两种做法，其他各种曲足大多带托泥。

（2）三弯腿：是腿部自束腰下向外膨出后又向内收，将到尽头时又顺势向外翻卷，形成"乙"字形的腿足造型。

（3）弧腿膨牙：又称"鼓腿膨牙"，是腿部自束腰下膨出后又向内收而不再向外翻卷，腿弯呈弧形。

（4）蚂蚱腿：多用在外翻马蹄上，在腿的两侧做出锯齿形曲边，形似蚂蚱腿上的倒刺，因此而得名。

（5）仙鹤腿：仙鹤腿笔直，足端较大，形如鸭子足趾间的肉蹼。

除此之外还有其他造型各异的腿足线型，如象鼻足、卷草足、云头足、圆珠足、瓶形足、蹼足等，都极富于美感。

△图3-81　内翻马蹄足

△图3-82　外翻马蹄足

6. 铜活

铜活是红木家具的点睛之笔，虽不如金银珍贵，但早在明清时代，能工巧匠便将铜件与红木相融合，这二者的碰撞产生了奇妙的效果：深沉的红木家具让铜件显得如此典雅，也为红木家具又添几份稳重。

不同的红木家具花纹，需要配上不同的铜活来装饰，铜活有一般素铜活、鎏金、錾花、锤合等装饰方法，按使用部位不同分为吊牌、面叶、活页、套脚、包角、牛鼻环等构件。铜活雕工精湛，非常细腻，铜饰件经过各种的金工处理后，其装饰效果是显而易见的，这样装饰在红木家具上就古色盎然，气韵高雅，破除古家具的沉寂，使整体活跃起来，也彰显了艺术气息和古典韵味。

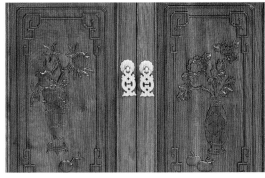

▲ 图 3-83　红木家具的铜活（古佰年 供）

第四章 红木家具——创新的形式

参文椅（荣鼎轩 供）

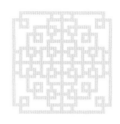

第一节　红木家具的创新

进入 21 世纪，中国家具涌现出新的风潮，一种融合了传统风格与现代设计的家具开始流行起来，它迎合了中国人的文化自信和当代审美，在市场上日益兴盛。对于这种家具，行业中有不少提法，如"新古典家具""新东方主义家具""新亚洲家具""中国风家具"，等等。围绕着此种家具叫法的讨论一直没有停歇，但大多数学者、业内人士、专家和消费者取得共识，以"新中式家具"命名更为贴切和通俗，既点出"新"意，又紧扣"中式"风格，且应用比较广泛，是一个耳熟能详的名称。

一、"新中式"家具的概念

2003 年 10 月，中南林业科技大学教授刘文金在《21 世纪家具设计与制造国际研讨会论文集》上，发表了题为《探索"新中式"家具设计风格》的文章，第一次全面提出了"新中式"家具的概念，文章定义"新中式"家具为："运用现代技术、设备、材料与工艺，既符合现代家具标准化与通用化的要求，体现时代气息，又带有浓郁的中国传统文化内涵和民族特色，适应工业化、批量化生产的家具"。此文在国内家具界引起了强烈反响，对新中式家具的探讨和研究也迅速成为家具行业关注的热点。

此后，有诸多专家学者对"新中式"家具的概念予以阐述。中国高等教育家具设计专业创始人之一胡景初讲道："新中式"的"新"是要与传统家具拉开距离，融入现代人的生活理念，"中"是要有明显的中国传统符号的可识别性。北京林业大学教授张亚池讲道："新中式"家具应该是一种延续性的，能体现中国文化、代表中国精神和中国人生活方式的家具。故宫博物院研究馆员周京南讲道："新中式"家具从传统家具的基础上创新发展而来，符合现代人起居生活需要，符合现代建筑和现代居住环境。

百家说法，目前业界对于"新中式"家具的概念还没有统一定论，但是已经有了当代的共识：广义来讲，"新中式"家具是在中式古典家具基础上进行改良和革新的家具；狭义来讲，"新中式"家具是指在结构、材料、工艺、造型等方面进行创新，但延续中国传统文化内涵和民族气质，符合当代中国人审美，并满足现代生活需求和彰显时代特色的中国家具。"新中式"家具既是新的——"新"在器型、设计、材料、结构和消费，又是"中"的——"中"在传统、文化、气质、内涵和审美。

二、"新中式" 家具的历史

1. 萌芽兴发

"新中式"家具的历史可以追溯到鸦片战争时期，国门被迫打开，西方的文化和思潮涌入中国，与传统文化思想产生了激烈的碰撞。中国也由此逐渐从农耕文明社会过渡到工业文明社会，国民的生活方式和生产方式都发生了巨大的变革。在这种大背景下，中国家具也产生了很多变化，融入了西方家具的特点，于 20 世纪 30 年代出现了中西结合的"海派"家具。

"海派"家具虽然还蕴含着浓浓的中国传统家具的韵味，但却有了很多新的变化，体现在：一是结构上采用框架结构，部分采用五金件连接；二是款式上中西融合，装饰上也借鉴西方艺术；三是采用现代化生产的技术。这三点都与当今的"新中式"家具有着密不可分的联系，因此，在形质变革上，"海派"家具可以看作传统家具的尾声，"新中式"家具的萌芽。另外，也有人提出"广作"家具是新中式家具的开始，那么"新中式"家具的历史便更长了。

◀ 图 4-1 海派家具（私人藏家周奔 供）

2. 曲折发展

中华人民共和国成立以后，国内社会环境发生重大变化，1949～1978 年的近 30 年中，中国传统家具被列入"四旧"的范畴，受到批判。当时中国重视工业化建设，轻视手工业和轻工业的发展，家具设计与制造业停滞不前，人们也不讲究家居品味，房子由单位统一分配，家具也有着统一的规格——方桌一张，椅子四把，双人床一张，大衣柜一个，写字台一张，饭橱一个，这是当时流行的"36 条腿"家具，后面又升级为"48 条腿家具""72 条腿家具"。总的来说，这一时期的"新中式"家具并无发展。

到了改革开放以后，中国逐渐成为世界第一家具制造大国和出口大国，一方面民间兴起对于传统老旧家具的收藏、修复、研究，仿古家具和适当改良的中式家具有一定发展，出现了如"春秋椅"（联邦椅）之类的款式；另一方面，中国经济发展，西方文化逐渐走入普通大众家庭，对家居环境有了新的追求，存在盲目崇拜西方文艺和西方工业设计的现象，而忽视了本民族的文化与工艺，现代板式家具得以迅猛发展，而对于传统家具的现代化设计和开发，变得缓慢很多，需求量也减少。

3. 蓬勃发展

进入 21 世纪，我国的国际地位和国家综合实力不断增强，本土文化和民族自信逐渐回归，人们重新认识到想要走出一条独具特色的发展道路，应该对传统文化进行挖掘和继承。在家具行业，想要在世界家具之林找到定位、寻得尊重，需要有我国自己的家具文化和原创设计。因此，人们开始着眼于融合中国民族特色的现代风格家具设计，既蕴含中国传统的文化、工艺和审美，又体现新的思潮、技术和功能的"新中式"家具应运而生。

自刘文金教授于 2003 年提出"新中式"家具的概念，"新中式"家具已经历经 15 年的发展。

▲ 图 4-2 春秋椅

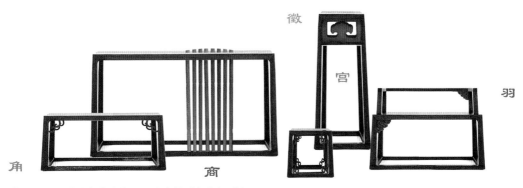

徵

宫

羽

角

商

🔺 图4-3　当代新中式家具 明声今韵（袁进东 供）

◀ 图4-4　当代新中式家具
　　天地乾坤椅（卢克岩 供）

业界对于"新中式"家具，从定义、标准到风格、技术都有着很多的争议和质疑，但研究、探索与思考也从未间断。从一个概念设想，到遍地开花的产品、企业，"新中式"家具理论体系逐渐搭建起来，研发设计逐渐明晰，产业规模逐渐扩大，消费水平逐渐提升，正引领着中国家具发展的新浪潮、新方向。

第二节 "新中式"与红木家具

2002 年，国内某著名红木家具企业率先提出了"新中式"红木家具这一说法，"新中式"与红木材质的结合成为红木家具发展的一个新起点。可以说"新中式"是红木家具的一个风格、一个方向、一个潮流，优秀的原创设计与珍贵木材演绎出鲜活、灵动、独具魅力的新时代家具。"新中式"红木家具有别于传统红木家具的特点表现如下。

一、"新"在品类

传统红木家具体系主要有椅凳类、床榻类、桌案类、柜格类四大类型，满足人的坐、卧、承、藏的生活需求。随着时代的发展，现代人在起居、休闲、办公、娱乐上的需求日益增多，生活场景也更为丰富，红木家具的品类也不断增加，出现了红木电视柜、红木沙发、红木老人椅、红木鞋柜、红木酒柜、红木婴儿床等新的品类。这些红木家具借鉴了传统红木家具的造型和结构特点，赋予其新的功能和样式，都可以归入"新中式"红木家具的范畴。

相比于传统红木家具，"新中式"红木家具在品类上的新变化主要体现在以下几个维度：一是空间维度，根据不同的空间氛围，打造出不同的品类，如办公室有红木办公桌，书房有红木书桌，虽然功能大致相同，但外观气质不同；二是人群维度，根据目标人群特点，划分不同品类，如老人使用的红木摇椅，孩子使用的红木小马扎等；三是需求维度，新的需求和功能细分引起品类上的变化，如因为看电视的需求衍生出了红木电视

▲ 图 4-5 新中式红木（交趾黄檀）五斗橱（古佰年 供）

图 4-6　新中式（交趾黄檀）
红木酒柜（古佰年　供）

柜，使用电脑的需求而衍生出红木电脑桌。

二、"新"在尺度

宜人的尺度是家具造型的基础，也是家具与空间相协调的关键因素。《长物志》中有着关于明式家具尺度的详细记载："榻座高一尺二寸，屏高一尺三寸，长七尺有奇，横三尺五寸……此榻之定式也。"这是基于明代审美需求、家居环境和生活习惯所规定的家具尺度，"新中式"家具在尺度上的新变化也迎合了新时代的需求。

首先，传统红木家具一般为达官贵人使用，讲究华贵气派，往往用料厚实，尺度粗大，"新中式"红木家具则能进入寻常百姓家，为适应现代人群和住宅户型，在尺度上较为紧凑。其次，古人讲究"站如钟，坐如松"，在礼制、阶级等思想禁锢之下，对于家具的尺度把握并不是完全基于符合人体身体、心理需求而设计与制作；而"新中式"红木家具在现代社会环境下诞生，与现代科学发展密不可分，为了更贴合现代人对于家具舒适性、安全性等特性的追求，会更加严格地运用人体工程学的理论来把握家具尺度。最后，审美观的变化也使得"新中式"红木家具的尺度更为现代化、简约化、实用化，线条凝练，轮廓有型。

图4-7 尺寸小巧的罗汉床
（古佰年 供）

三、"新"在风格

"新中式"红木家具突出的外在表现便是设计风格的创新，不再一板一眼地沿袭明式、清式的风格，而是在继承传统的基础上有所创造和革新，诚如刘文金教授所说："一是中国传统家具的文化意义在当前时代背景下的演绎；二是对中国当代文化情况充分理解基础上的当代设计。""新中式"不是中式元素的堆砌，而是在对中国传统文化的深入理解之后，经过提炼、深化、抽象等设计手段，对传统家具加以原创性的改良和创新，打造新时代的中国家具。

目前市场上"新中式"红木家具的主流风格有：丰润华贵的唐风红木家具，清雅素简的宋风红木家具，洋气十足的新海派红木家具，利落有型的极简风红木家具，浓墨重彩的新古典主义红木家具，空灵素净的禅风红木家具……每一种风格都是多种文化艺术交融的结果，承载着设计师的阅历、学识、思想和品味。多种多样的风格为消费者提供了更多的选择，让红木家具焕发出"新"的活力。

四、"新"在材料

传统红木家具一般只应用"一黄二紫三红"（黄花梨、紫檀木、大红酸枝）作为家具用材，"新中式"红木家具除此之外，更多地应用《红木》新国标里划定的5属8类29种中的大果紫檀（俗称缅甸花梨）、刺猬紫檀（俗称非洲花梨）、东非黑黄檀（俗称紫光檀）等红木，资源相对丰富，价格相对实惠。也有用类红木制作的，如染料紫檀（俗称血檀）、邵氏紫檀（俗称红花梨）、古夷苏木（俗称巴西花梨）。

⬆ 图 4-8 极简风格的新中式红木家具 禅椅（谭亚国 供）

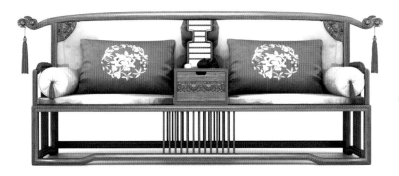

◀ 图 4-9 新古典风格的新中式红木家具 如意沙发（刘华健 供）

　　"新中式"红木家具所运用的材料除了红木本身以外，还尝试性地将木材与玻璃、金属、棉麻和皮革等现代材料有机结合，并注重节点和交界面的处理。玻璃通透晶莹、金属简约时尚、棉麻温馨质朴、皮革光滑细腻，能够与温润素雅的红木在视觉和触觉上形成较为强烈的艺术对比效果，但对于材质的混搭和拼接需要慎重，不能破坏红木家具原本的韵味和气质。

⬆ 图 4-10 木材与皮革拼接的新中式家具（羽珀家居 供）

五、"新"在结构

中国传统红木家具采用严谨的传统榫卯结构接合，由纯手工制作，榫头和卯眼接合的紧密度在于一分一毫之间，全靠工匠纯熟的手感和丰富的经验，非一时半会能够掌握，导致家具的制作周期较漫长。"新中式"红木家具为了适应工业化生产流程和市场的需求，在传统榫卯结构上有所创新。

其一，如直角榫、燕尾榫、穿带榫等比较简单的传统榫卯结构保留了原有样式，复杂的如抱肩榫、插肩榫等结构则加以简化改良，使其制作方便，结构合理；其二，榫卯结构不再纯靠手工制作，而是采用机械化生产加手工打磨的模式，有着统一的标准和工艺；其三，传统榫卯结构中功能较为薄弱的部分被省去，如椅类扶手处的联邦棍、鹅脖，几案类的卡子花、矮老等，以追求造型上的简约；其四，现代榫卯结构如圆棍榫等被广泛应用在家具接合中，并在造型和工艺允许的情况下，部分采用五金件、胶黏剂连接，降低了制造难度和成本，利于销售和推广。

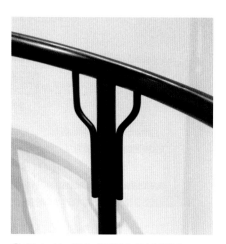

▲ 图 4-11　新中式圈椅上的新式榫卯

▲ 图 4-12　结构简化后的新中式圈椅

▲ 图 4-13　典雅清新的新中式红木家具展厅（斯可馨新中式研究中心　供）

六、"新"在消费

中国传统的红木家具材料珍贵，工艺传统，造型沉稳，价格较为高昂，消费人群主体为相对成熟的高端人群，大部分年龄层次也较大。随着消费群体的更新迭代，70后、80后成为消费的中坚力量，90后成为消费的新兴力量，消费能力不容小觑。这一代人普遍受到西方文化的影响，有过出国旅游、留学的经历，对传统文化有着新的理解，乐于尝试新鲜事物，秉持着自己的品味和审美，一部分"新中式"红木家具便迎合了这一点消费群体的需求，满足他们对于红木家具个性化、多样化和经济适用的追求。

"新中式"红木家具在消费模式上也发展出新的特点。新的消费群体更乐于在新的途径和平台上购买红木家具，如淘宝、京东等电商平台，红木家具的垂直电商网站、APP等，并且呈逐年增长的趋势；即使是实体店购买，新的消费群体也倾向于品牌店、体验店，而非传统的大卖场形式，实体店更注重场景的布置和气氛的营造；此外，新的消费群体还尝试着采用众筹、分期等新的消费手段。

第三节 "新中式"红木家具的现状

一、"新中式"成为红木家具产业的新格局

"新中式"家具发展至今，已经成为家具市场上一个被广泛认可和接受的潮流，且正处于蓬勃发展时期，具有十分广阔的发展前景和较强的市场优势，随着中国的文化、经济国际地位不断提升，还将会有更多更好的新中式家具企业、产品出现。

红木家具产业作为一个传统产业，想要打破"传统"的困局，必然要抓住"新中式"的出现与流行，这是红木家具产业创新发展的重要体现，也是推动红木家具产业转型升级、高起点建设现代产业体系的现实需求。"新中式"红木家具是珍贵用材与优质原创设计的结合，弥补了红木家具市场上产品同质化严重、一味仿古做旧、重材质轻设计的不足，探索出更符合当代家居的红木家具设计风格和发展方向，迎合了消费新人群及其新主张、新需求，给喜爱红木家具的消费者提供了更多的选择性。

目前，仿古家具仍然是红木家具的主流，但近几年正呈现逐年下降趋势，新中式家具占比大幅增加，画出了一条上升的阳线。现在市场一大半红木家具企业开设了"新中式"家具产品线，更有很多家红木家具企业专门生产"新中式"产品，这些企业主要集中在广东（珠三角）、江浙（长三角）、北京（京津冀），企业发展比较快速，而且已形成产业规模化。优秀的"新中

● 图 4-14 京瓷新中式红木家具

● 图 4-15 阅梨新中式红木家具

式"红木家具企业有"京瓷""忆东方""典居""红古轩""东方韵""苏梨""檀颂""如意坊""匠心坊""阅梨""自在工坊"等。

经过 15 年发展，新中式红木家具不但发展迅猛，也已深入人心，产销更是逐年成倍递增，成为红木家具业界一个最热的发展方向。未来，还会有更多的红木家具企业逐渐转型，尝试"新中式"产品的设计与开发。

二、"新中式"红木家具面临的问题和困境

1. 设计品位不高

"新中式"红木家具在材质、工艺的基础上更加讲求设计的独特性、和谐性和创新性。设计不是东拼西凑，不是求奇求怪，也不是天马行空，想要做好"新中式"家具，对于设计师有着比较高的要求，既需要对传统家具文化的理解和阐释到位，又需要对现代家具结构、技术、工艺掌握娴熟，并把两者有机地结合。就目前的状况来看，大多数"新中式"红木家具企业都没有做到，一是优秀设计人才的匮乏，二是资金投入的不足，以至于制作的家具品位不高，往往造型笨拙怪异，雕饰繁缛无节，线条杂乱无章，使消费者对"新中式"红木家具产生不好的印象，消费者群体难以扩大，尤其是难以向高层消费群体发展。

2. 品牌建设薄弱

品牌建设对于企业产品的销售与长远发展都至关重要，随着"新中式"红木家具的火热发展，品牌不断增多，但却难有优质品牌脱颖而出；品牌之间的竞争程度增长，但却缺乏强有力的影响力和核心竞争力。究其原因，在于大多红木企业对品牌建设的理解，只停留在使用效能与打响品牌层面，对于品牌文化的内涵与营建却不够重视，更缺乏专业的设计研发团队来设计出具有品牌文化内涵的新中式红木家具产品，现有产品设计缺乏创新性，存在着相互抄袭的现象，品牌的宣传推广手段陈旧，销售渠道单一，售后服务意识差，没有在消费者心中建设起优质的品牌形象。

3. 缺乏统一标准

与传统红木家具相比，"新中式"红木家具还算是一个新兴事物，对于它的研究、梳理还停留在比较粗浅片面的阶段，各家说法五花八门，缺乏严密全面的理论体系。没有强有力的理论的指导，也就没有统一的评判标准。如设计上有着各式各样的风格，消费者难以分辨好坏；材料上鱼目混杂、胡乱炒作，价格虚高；在结构上很多只求好看不求功能，或者只讲线条不讲受力，消费者买回家在使用的过程中才发现非常不实用。这些问题都没有统一的标准体系来评价、监管和整改，让消费者在购买时常常感到迷茫。

原木锯解

木材干燥

选材开料

木材刨削

木结构画线

开榫凿眼

雕刻

组装

修整

打磨

上漆上蜡

第五章

红木家具——精湛的技艺

第一节　红木家具的接合工艺

接合工艺指的是家具零部件的接合和装配的相关工艺，是制造家具结构的方法和工艺手段，而内在结构，正是中国红木家具的灵魂所在。严丝合缝、精巧美观、可拆可合的接合工艺，使得红木家具四平八稳、流传百世。红木家具上应用最多、最经典、最常见的接合方式为榫卯结构，一榫一卯，天衣无缝，一凸一凹，巧夺天工，相生相克，以制为衡，这是中国工匠独特的技艺和智慧；此外，红木家具上还有少量的用胶加固和五金连接件，作为榫卯结构的有益补充。

一、榫卯结构

1. 概念

榫卯结构是红木家具构件连接上采用的一种凹凸相嵌的接合方式。凸出部分叫榫（或榫头）；凹进部分叫卯（或榫眼、榫槽）。榫和卯相互咬合，起到连接作用。榫卯结构是木件之间多与少、高与低、长与短之间的巧妙组合，可有效地限制木件向各个方向扭动，使重量和受力均匀地传递到各木件上，让家具成为一个有机联动的整体。最基本的榫卯结构由两个构件组成，其中一个的榫头插入另一个的卯眼中，使两个构件连接并固定。榫头伸入卯眼的部分被称为榫舌，其余部分则称作榫肩。

榫卯结构在中国的运用具有悠久的历史，是比汉字还要久远的民族记忆。它发源于中国传统木建筑，逐渐延伸应用到传统家具上，发展至明清时期，已有上百种形制，与红木这一材质浑然天成，巧妙地应用于红木家具的各个部位。榫卯结构除使用价值外，更蕴含着文化、历史、哲学的积淀，透出的内蕴阴阳、相生相克、以制为衡的道家思想以及先人顺应木材本质而制作、与自然和谐共处的世界观，逐渐被世人认识，使一件家具不但成为使用、鉴赏、收藏的珍品，更成为中国古代哲学思想和意境的载体。即使在当代，榫卯结构仍被视为红木家具的标志，可谓"无榫卯，不红木"，榫卯结构代表传统工艺中精密、细致、智慧的工艺水平和匠人精神。

2. 类型

目前红木家具上应用的榫卯有上百种，按接合方式分类，大致可分为三大类型：

（1）面结构

榫卯结构中一类主要是作面与面的接合，也可以是两条边的拼合，还可以是面与边的交接构合。主要包括银锭榫、舌口榫、燕尾榫、栽榫、走马销、银锭条拼板等。

① 银锭榫：银锭榫又称银锭扣，是两头大、中腰细的榫，因其形状像银锭而得名。将它镶入两板缝之间，可防止鱼鳔胶年久失效后拼板松散开裂。

② 舌口榫：因榫头有如舌头形状，故名舌口拼板。特点是接触面多，接合牢固。

③ 燕尾榫：燕尾榫是"万榫之母"，两块平板直角相接时，为了防止受拉力时脱开，将榫头做成梯台形，形似燕尾，故称"燕尾榫"，常用于抽屉结构。

④ 栽榫：是在拼板断面加工榫眼，插入榫的拼接方式，适合于厚板的拼板结构。

⑤ 走马销：独立的木销做成燕尾形状的榫头嵌入板中，另一块板相应的位置做榫眼，榫眼形状是半边方眼半边燕尾槽，榫头由方眼插入推向燕尾槽，即可销紧。

⑥ 银锭条拼板：利用一个同时具备韧性和强度的木条，把它的截面加工成银锭形状，嵌入两个开银锭榫口的平板之中，接合起来比走马销拼板还要牢固。

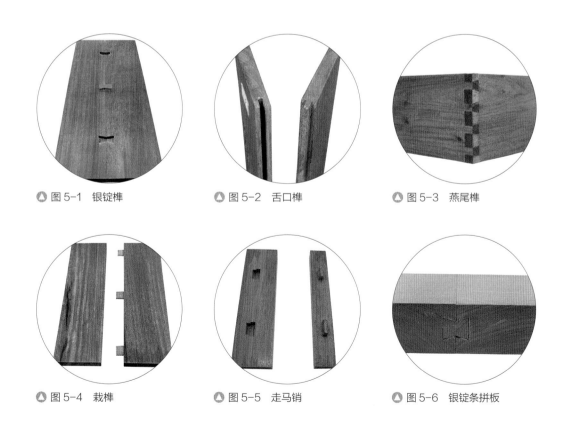

◭ 图 5-1　银锭榫　　　　　◭ 图 5-2　舌口榫　　　　　◭ 图 5-3　燕尾榫

◭ 图 5-4　栽榫　　　　　　◭ 图 5-5　走马销　　　　　◭ 图 5-6　银锭条拼板

注：图 5-1 至图 5-17　由陶然居红木家具提供

（2）点结构

榫卯结构中"点"的结构方法，主要用于作横竖材丁字接合、直角接合、交叉接合，以及直材和弧形材的伸延接合。主要类型包括格肩榫、粽角榫、锲钉榫、半榫、揣揣榫、挖烟袋锅榫、格角榫等。

① 格肩榫：方材丁字接合形式，榫头插入方材中间，两边均有榫肩，不易扭动，坚固耐用；又可分为大格肩榫和小格肩榫。

② 粽角榫：粽角榫因其外形像似粽子而得名。粽角榫是三根料相交的一个结构，在任何一个角度都看不到料的横截面。三根料截面大小不同，粽角榫结构形式也不同，这个结构在红木家具中应用广泛。

③ 锲钉榫：是用来连接弧形弯材的常用榫卯结构，它把弧形材截割成上下两片，将这两片的榫头交搭，同时让榫头上的小舌入槽，使其不能上下移动。然后在搭扣中部剔凿方孔，将一枚断面为方形，一边稍粗、一边稍细的锲钉插贯穿过去，使其不能左右移动。圈椅、皇宫椅的扶手一般都是使用锲钉榫接合。

④ 半榫：卯眼不凿穿，直榫不外露，榫舌一般为透榫的三分之二。

⑤ 揣揣榫：一种两面格肩的方材角接合结构，常用于椅子前腿和扶手角接合部位，有时也用于截面较小的边框结构。

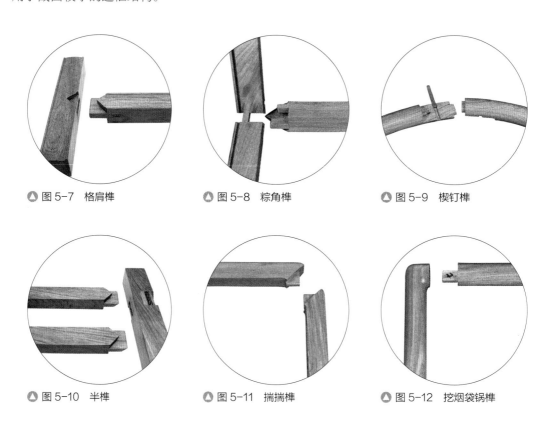

🔺 图5-7　格肩榫　　　🔺 图5-8　粽角榫　　　🔺 图5-9　锲钉榫

🔺 图5-10　半榫　　　🔺 图5-11　揣揣榫　　　🔺 图5-12　挖烟袋锅榫

⑥ 挖烟袋锅榫：是将一圆材做成方形出榫，另一圆材也相应地挖成方形榫眼，然后将二者套接，常用于官帽椅前腿和扶手接合处。

⑦ 格角榫：在大边和抹头的两端分别做出45°斜边，大边作榫头，抹头作榫眼，相互结合。格角榫大都使用在几、案、桌、椅等的面框架部分，有明榫与暗榫之别。

（3）构件组合

构件组合是榫卯结构中将三个及三个以上构件组合一起并相互接合的构造方法，这种方法除运用以上的一些榫卯结构外，是一些更为复杂和特殊的做法。如常见的有托角榫、夹头榫、抱肩榫、插肩榫等。

① 托角榫：用来连接角牙、腿足和牙条，在腿足上凿出卯眼，和角牙的榫舌接合，在牙条与腿足接合之际，把角牙与牙条都插入卯眼。

② 夹头榫：这类榫卯结构在案形家具中最常见。家具的腿足上端开口，嵌夹牙条与牙头，顶端出榫，与桌案案面的卯眼接合，结构稳固，桌案和腿足角度不易变动，又可将桌面重量分担到腿足上来。

③ 抱肩榫：这种榫卯结构常用在束腰家具的腿足与束腰、牙条相结合处。抱肩榫常采用45°斜肩，并凿三角形榫眼，嵌入的牙条与腿足构成同一层面。从外形看，此榫的断面是半个银锭形的"挂销"，与开在牙条背面的槽口套挂，从而使束腰及牙条结实稳定。

④ 插肩榫：是案类家具常用的一种榫卯结构，虽然外观与夹头榫不同，但其结构却与夹头榫相似。插肩榫与夹头榫不同之处是插肩榫腿足的上端外侧被削出斜肩，牙条与腿足相交处剔出槽口。

△ 图 5-13　格角榫

△ 图 5-14　托角榫

△ 图 5-15　夹头榫

△ 图 5-16　抱肩榫

△ 图 5-17　插肩榫

3. 优缺点

榫卯作为红木家具的主要接合形式，其优缺点如下：

（1）优点

第一，榫卯结构是天然木材的巧妙嵌合，可以将受力均匀地传递到家具的各部件，这种组合可有效地限制木件之间向各个方向的扭动。而铁钉连接就做不到，比如，用铁钉将两根木枨做 T 字型组合，竖枨与横枨很容易被扭曲而改变角度，而用榫卯结合，就不会被扭曲。

第二，榫卯结构的家具，可以使用几百年或上千年。许多明清时期的红木家具距今几百年了，虽显沧桑，但木质坚硬如初。金属容易锈蚀或氧化，如果用铁钉连接家具，很可能木质完好，但由于铁钉锈蚀、老化等，而使家具散架。

第三，榫卯结构的家具便于运输。许多红木家具是拆装运输的，到了目的地再组合安装起来的，非常方便。如果用铁钉连接家具，虽说可以做成部分的分体式，但像椅子等小木件较多的家具，就做不到了。

第四，榫卯结构的家具便于维修。纯正红木家具可以使用成百上千年，但使用中总会出现问题的，比如某一根枨子折断了需要更换等。用铁钉连接的家具，做拆卸更换就不像榫卯结构家具来得容易。

第五，榫卯结构可以提升家具品质。红木木质坚硬，而铁钉是靠挤和钻劲硬楔进去的，此过程极易造成木材劈裂，这一点木工师傅都非常清楚。而使用榫卯连接红木家具，可以大大提升红木家具的内在品质，这也是传统工艺制作的红木家具具有增值收藏价值的一个重要原因。

（2）缺点

大部分的传统榫卯是很难在机械上通过制作简单模具而成型的，需要经验丰富的木工花费一定时间才能做好，对材料的硬度或者材料价值的要求也都很高，因此制作成本比较高。现代红木家具制作，对传统榫卯有一定的改良，使其结构简化且受力更合理，也开发出如圆棒榫、齿形榫、夹头明榫等现代榫卯结构，适当合理的应用，可降低生产成本，提高生产效率。

二、用胶加固

红木家具虽然主要用榫卯结构接合，但还是常常要用胶加固。目前市场上 99% 的红木家具产品都使用胶加固，用胶是红木家具行业的"潜规则"。适当用胶并不会意味着红木家具是粗糙劣质、难以接受的，而是一种对榫卯结构的有益补充，能够加固家具结构、延长家具使用寿命，也更适合红木家具的批量化生产。但"用胶加固"和"用胶连接"是两个概念。

"用胶加固"是指在某些并非能够做到百分百严谨的榫卯结构中（如银锭榫、栽榫等）注入胶，使其更加牢固，并且令天然木材制成的红木家具经过干缩湿胀后能保证稳定，不易变形开裂。古代红木家具生产，便有使用"鱼鳔胶"的传统，这是鱼鳔通过加工处理后制得的胶料，主要成分是生胶质。鱼鳔胶有易溶于热水的特性，所以它的最大特点就是可逆转性和可重复使用性，在古代制作和维修中使用相当普遍，京作、苏作和广作家具均有使用，尤其多见于京作家具。现代多用环保胶，量小也能在短时间内挥发，不会对人体造成危害。"用胶连接"则是指用胶将红木家具各部件进行粘连，这种纯靠"胶粘"的做法是违反行业规则的，这样制作的红木家具是不合格的产品，产品性能得不到好的保障。

当然，市场上也有完全不用胶的红木家具，这对榫卯的设计与手工制作要求极高，一般需要定制，价格比用胶加固的家具高20%~30%。在选购时，用胶和不用胶要根据自己的预算和接受程度而定。

三、金属连接件

传统红木家具中的金属连接件虽然应用比例不高，但种类繁多，随着其功能的不同，形状也各异。其形式质朴、隽秀，变化多富奇趣。按其使用功能可以分为拉手类、铰链类、箱包角类、箱柜锁插类等；从制作上又可以分为素铜饰件和装饰铜饰件，统称为"铜活"。素铜饰件表面光洁无瑕，装饰铜饰件表面镀金、鎏金、錾花等。

不同的家具配合使用不同的铜活饰件，起到连接构件、保护家具、完善使用功能的作用，如包角、拍子、合页、泡钉多用于衣箱类家具；吊牌、合页、面条、锁插多用于橱柜类家具；牛鼻环、吊牌等多用于抽屉；套脚则用于家具的腿部下端。交椅是红木家具中使用铜活最多的一种，由于其结构上多弯转起承，所以即便是再紧实的榫卯也不能保证其承重的安全需要，这就需要铜活来担当起重任。

"新中式"红木家具由于设计和工艺的创新，金属连接件也被应用在更多部位，金属类型也不局限于铜件，可以替换为其他优质的金属，不一而足。总的来说，金属连接件是对榫卯结构的一种补充，在某些不便于使用榫卯接合的部位起到重要的连接作用。但如果在红木家具的内部结构中使用铁钉连接，就是一种粗制滥造的行为，这样的红木家具是不合格的产品。

第二节　红木家具的装饰工艺

一、雕刻工艺

雕刻是家具最重要的装饰手段，在各类装饰手法中占有着首要地位，质坚纹美的红木家具将雕刻工艺推向了顶峰。红木家具中最基本的雕刻技法有浮雕、阴雕、透雕、圆雕，有着各自独特的艺术表现力，也可以相互结合使用，以达到更好的装饰效果。

1. 浮雕

浮雕，又称"阳雕""平面雕刻"，是在平面上雕刻出凹凸起伏形象的一种雕刻手段，是介于圆雕和绘画之间的艺术表现形式。浮雕的装饰效果构图丰满、疏密有致，广泛应用在门心、床围子、牙板等部位。根据压缩空间的不同程度，浮雕分为深浮雕和浅浮雕两类。

浅浮雕，又称"低浮雕""薄浮雕"，是以线为主，以面为辅，线面结合来表现物体形态的雕刻方法。纹样周围剔地不深，纹样压缩比较多，形态不是很突出，平面感较强，只是在纹样上作深浅不同的剔地。雕刻较浅，层次交叉少，其深度一般不超过2毫米，对勾线要求严谨。浅浮雕主要是利用绘画的描绘手法或透视、错觉等处理方式来造成较抽象的压缩空间。

▲ 图5-18　家具上的浮雕

深浮雕，又称"高浮雕"。所雕刻的纹样形象一般高出材料最低点1厘米以上，是一种介于浅浮雕和镂空雕之间的表现形式。深浮雕的起位较高，材料较厚，形象压缩的比较少。深浮雕具有较强的空间感，层次丰富，少则两三层，多则七八层，有深度感，能表现多层次的题材。

2.阴雕

阴雕又称沉雕、阴刻，与阳雕相反，将雕刻材质表面刻入形成凹陷，使文字或图案比材质平面要低的一种雕刻手法，依赖熟练和准确的技法，使线条有起讫和顿挫、深浅的效果。阴雕中有一类称为线雕，仿效中国画写意、重叠、线条造型、散点透视等传统笔法，雕镂各种线条装饰。

阴雕常常用在经过上色髹漆后的家具上，这样雕刻出来的漆色与木色反差较大，会产生一种近似中国画的艺术效果，意趣盎然。这种装饰手法常见于围屏、橱柜、箱匣等家具上，常用的装饰题材为花鸟、文字。

△ 图 5-19 家具上的阴雕

3.透雕

透雕，也称"镂雕""镂空雕"，是通过雕刻、凿剔等手法，把材质中没有表现物像的部位掏空，把能表现物像的部分留下，从而使雕饰图案呈透空状的一种雕法。透雕的装饰效果玲珑剔透，空灵轻盈，一般用于红木家具的背板、牙条、楣板等需要特别加以装饰的部位。用于透雕的木材需要材质细纯，特别是镂空部位，如果有裂纹的话很容易出现断裂现象。透雕包括平面透雕、立体透雕、镂空雕刻、透空双面雕等。

平面透雕，是把等厚的木板画面周围镂空，突出雕刻画面的一种表现手法。这种雕刻方式广泛运用于红木家具的牙板和架子床的落罩上。立体透雕，是圆雕和透雕互相结合的一种雕刻形式，或是在平面透雕中针对性地加入圆雕，再或是在圆雕的形式中穿插透雕的形式。镂空雕刻是建立在深浮雕、透雕、圆雕的基础上的综合雕刻工艺，镂空是指在透雕的基础上，上下、左右、前后的方向镂空，技艺难度大，需要各种雕刻手法运用得当、娴熟精细。透空双面雕，是在同一块花板的正反两面雕出不同的图案，体现不同的题材，即两面都雕刻的透空雕，大多施于家具的牙板和背板上。

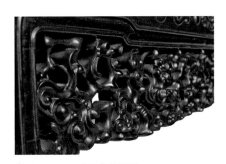

△ 图 5-20 家具上的透雕
（私人藏家周奔 供）

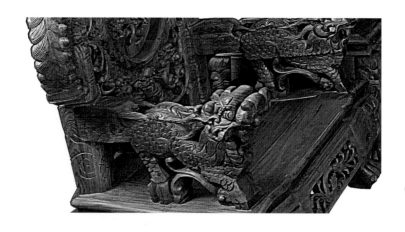

4. 圆雕

圆雕，又称"立体雕"，是指非压缩的，可以多方位、多角度欣赏的三维立体雕刻。圆雕是艺术在雕件上的整体表现，观赏者可以从不同角度看到雕刻对象的各个侧面，相当于雕刻技法里的混雕，以四面浑然一体的手法表现雕刻的内容。圆雕的装饰效果立体生动、丰盈圆润，应用在红木家具的腿足、扶手、搭脑、卡子花等部位，如桌子腿雕成竹节形，四面一体，即为圆雕。

圆雕内容多取材于人物、动物、植物，以吉祥题材为主，在广作家具上最为常见，是清式红木家具最常用的装饰手法之一。但这种雕刻技艺对工匠要求高，极易弄巧成拙。一般情况下，家具上使用圆雕手法较为少见，使用时也要注重层次和搭配，不宜过多，否则显得累赘，只需点缀得当即可。此外，还有一种与圆雕相仿的半圆雕技法，其是以圆雕技术表现作品中的主要形象，以浮雕、阴刻等技法表现其他次要形象，作为衬底。这种半圆雕的技法常用于表现有人物又有背景的图案。

二、镶嵌工艺

"镶"是指把物体嵌入，"嵌"是指把小物体卡紧在大物体的空隙里。家具上的镶嵌，是指以金银、玉石等贵重之物镶嵌入家具表面，组成各种纹饰或图案。镶嵌又可分为平嵌和凸嵌两种形式。平嵌，多以粘贴较薄装饰材料的方式形成纹样或图案，所嵌之物与家具表面齐平；凸嵌，是在家具上根据纹饰需要刻出相应的凹槽，再将嵌件用漆或胶嵌入凹槽内。红木家具镶嵌主要有木质镶嵌、螺钿镶嵌、云石镶嵌、珐琅镶嵌、金属镶嵌、百宝镶嵌几种类型。

1. 木质镶嵌

木质镶嵌，是使用木材作为镶嵌基材的装饰工艺。木材质轻，易于加工和表面涂饰，拥有天然的纹理色泽，物理性能较好，非常适合镶嵌。运用两种不同纹理、颜色、质地的木材进行视觉上的对比，一种作为主材，一种作为镶嵌材，可以达到很好的装饰效果。木质镶嵌多运用于桌面、台面、门板上。

红木家具的木质镶嵌搭配有红酸枝中镶嵌黄杨木、黄花梨中镶嵌紫檀、紫檀中镶嵌瘿木等。适合镶嵌装饰的木材还包括银杏、香樟、侧柏、红松、黄檀、香花木、紫椴、核桃楸等，其均以木材质地优良，纹理美丽，雕刻图案花纹细腻光滑等著称，备受人们青睐。

△ 图5-22　木质镶嵌

2. 螺钿镶嵌

螺钿镶嵌，是指用螺壳或贝壳薄片制成人物、花草、鸟禽、畜兽等图案纹样薄片，根据画面需要而镶嵌在器物表面上的装饰技法，是最古老的装饰工艺手法之一。螺钿有薄、厚两种，漆木家具常用薄螺钿，红木家具用厚螺钿。螺钿镶嵌大多为硬螺钿，具有闪烁的彩色，嵌成的图案花纹会随照射光线角度不同变换色彩。明清红木家具有很多优秀的螺钿镶嵌家具，精心设计，色调富丽堂皇，装饰情趣别具一格。

我国传统家具使用的螺钿材料，主要来源于淡水湖和咸水海域。常用的品种有螺壳、海贝、夜光螺、三角蚌、鲍鱼螺、砗磲等。这些蚌贝，年龄越长越佳，结构精密，弹性强，色彩缤纷且多变。在众多的螺钿材料中，以夜光螺最为名贵，不仅质地厚实，颜色灿烂，而且在夜间也能闪烁出五彩光泽。一般来讲，质地厚而色彩不浓艳的老蚌用于硬钿，而软钿多选用色彩浓艳的鲍鱼螺与夜光螺。

△ 图5-23　螺钿镶嵌（私人藏家周奔　供）

3. 云石镶嵌

云石镶嵌指运用天然大理石进行镶嵌，因其花纹似浮云而得名。云石黑白相间的形态如传统的水墨画渲染，同时其变化无穷的纹理让人遐想万千，或云彩，或山水，或花鸟，千姿百态，令人赞叹不已。

△ 图5-24　云石镶嵌（私人藏家周奔　供）

天然大理石有着优异的物理化性能，耐磨、耐酸碱、不易变色、不易被污染，且花纹美丽，可以达到良好的装饰效果，因此备受人们喜爱。云石镶嵌多见于家具上较大的部位，如屏风芯板、桌面、椅面、靠背等位置，也有其他类似石头的镶嵌，如菊花石、红丝石、煤精石等。

4. 珐琅镶嵌

珐琅镶嵌，是使用珐琅作为镶嵌基材的装饰工艺，也是红木家具中较为常见的装饰工艺。珐琅，又称"佛郎""拂郎""发蓝""搪瓷"，是一种透明无色的玻璃质涂料物质，它是由石英、长石、硼砂和一些金属氧化物混合，研成粉末，用油料调和，涂在金属表面加至高温（8000~12000℃）后，能转变为坚硬稳定的玻璃质。

在我国，景泰蓝制品即是珐琅技术应用实例之一。家具镶嵌中的珐琅就有指镶嵌景泰蓝制品的，景泰蓝还与竹木、牙雕等工艺相结合，如在挂屏、屏风中装置一些景泰蓝山水、花鸟等，这些家具都被统称为镶嵌珐琅家具。由于珐琅烧制后，经磨光、鎏金，有圆润坚实、金光灿烂的感觉，能够充分显示皇家的富贵气派和金碧辉煌的效果，因此得到皇室喜爱和大力推崇，促进这类家具镶嵌工艺的发展。

▲ 图 5-25　珐琅镶嵌

5. 金属镶嵌

金属镶嵌，主要是指镶嵌金、银、铜等金属制成纹样和图案的装饰工艺。镶嵌金银技术由商周时期在青铜器上的镶嵌发展演变而来，当时的青铜鼎及壶等器物上都镶嵌有精致的金银图纹。金银镶嵌的特点是在乌黑、暗红的质地上衬托出明亮的金银花纹、图案，精美典雅，能够体现中国绘画中"白描"的艺术效果。

不同金属材质都有其不同的性格特征，如金的耀眼绚丽、银的内敛优雅、铜的沧桑古朴等，因此在家具镶嵌时需要考虑金属的特殊性格，结合家具基材的特征进

▲ 图 5-26　金属镶嵌

行创作。金属不仅有着独特的特征，还具有较好的理化
性能，如优良的延展性、耐腐蚀性、耐酸碱性，不易被
污染，易于加工等，都令其适宜镶嵌。

6. 百宝镶嵌

百宝镶嵌，是指综合运用了各种珍贵材料作"百宝
嵌"的装饰工艺，如珍珠、玉石、象牙、珊瑚、玳瑁、
犀角等，使家具更显得豪华贵重，不同凡响。此种工艺
所用的许多材料在现代已经属于保护或濒危动物，不能
使用，在明清红木家具中有传世实物。此类装饰大多好
料好工，精美华丽，百宝嵌成的图案花纹会随着照射光
线角度的变化，发出各种各样的光彩，使红木家具显得
富丽而不艳俗。

🔺 图 5-27　百宝镶嵌

三、攒斗工艺

攒斗是北方工匠的术语，是"攒接"和"斗簇"的
组合，南方工匠称作"兜料"，是采用榫卯接合来完成
的一种构造方法。"攒接"指把纵横的短材用榫卯接合
成纹样，"斗簇"指锼镂的小料簇合构成花纹，"攒接"
和"斗簇"有时结合使用，故将这种装饰加工的手法简
称为"攒斗"。

攒斗工艺源于中国古建内檐装修制作门窗格子心的
工艺技术，大多采用小块的木料，经过榫卯的攒合，拼
接构成各式各样的几何纹样。有的反复用单纯的图形构
成装饰纹样，有的以单独纹样组成二方连续、四方连续
等形式，红木家具上攒斗图案常见的有万字纹、十字
纹、田字格、曲尺纹、回纹、步步锦、冰裂纹、灯笼

🔺 图 5-28　攒斗工艺

框、盘肠等，造型简洁明快，格调疏密有致，体现了我国以"通透为美"的审美观念，也是中
国家具风格的集中体现，形成了红木家具特色的装饰语言。攒斗工艺多应用于床榻类家具的围
子和落罩、柜格类家具的亮格和栏杆、桌案类家具的踏脚和家具的牙子等处。因为红木木材多
有纹理，且大面积的透雕花纹非常不结实，因此透雕并不能取代攒斗工艺。攒斗工艺可以充分
利用小料木材，避免木材开裂。

第三节　红木家具的生产流程

红木家具作为极具收藏鉴赏价值的艺术家具，从原木到成品需要经过复杂的工艺制作流程，方能成就其价值。红木家具的诞生要历经层层工序，包括开料、锯板、干燥、选材、裁料、机械加工、雕刻、组装、刮磨、上漆上蜡等，这些工序环环相扣。工艺精良，技术严谨，才能制作出优秀的红木家具。

一、原木锯解

原木，需采用一定工艺手段锯割成板材或方材才能为家具所用。红木家具用材珍贵而精良，这些木材不仅具有优美的自然纹理，而且质地坚硬，适合于雕刻和镶嵌，给匠师们提供了优良的物质条件。但其也有一些不良性能，如材质较硬，易开裂，出材率低，尤其是紫檀，常说"十檀九空"，再加价格昂贵，寸料寸金。因此，原木锯板工艺的好坏直接影响着家具品相的优劣。

原木锯解，主要解决的问题是红木家具各构件在厚度方向尺寸大小的安排，而原木的径级大小、心材的完整性以及纹理情况等直接关系到锯解工艺的难易程度。红木家具制作从原木锯解开始就应十分重视用材的选择，尽量达到"材尽其用"，即根据原木的材质情况，将其材料的出材率提高到最大，主要体现在如何用弯材出直材和用材部位的划分。

二、木材干燥

木材干燥是现代红木家具制作中不可缺少的工艺流程，也是一项关键工序，其工艺效果的好坏直接影响红木家具的质量。根据《深色名贵硬木家具》行业标准（QB/T 2385-2008）规定"产品的木材含水率应不高于产品所在地区年平均木材平衡含水率1%"，如果不对木材含水率进行严格控制，红木家具的使用过程中将会出现面板开裂、榫卯结构松动、虫蛀霉变等现象，红木家具的质量也就无从谈起，甚至影响使用寿命。

▲ 图 5-29　原木锯解

▲ 图 5-30　木材干燥

　　木材干燥首先要进行预干，即自然气干；然后利用专门的干燥设备进行烘干。烘干有很多种方法，要根据不同的木材采用不同的烘干处理方法，如热能烘干处理法适用于鸡翅木等硬重类木材的干燥。烘干工序在整个生产工艺流程中，对现代先进机械设备的依赖性最大。木材干燥让其含水率达到规定的要求，不仅可提高木材的强度，改善其加工性能，还可延长其使用寿命，防止开裂变形。干燥后的木材也需要进行必要的平衡（养生）以及筛选，以免不合格的木材进入下一工序的加工。

　　木材的平衡（养生）对制作高品质的红木家具至关重要。充分的平衡以及对木材的多循环冷热干燥处理，有利于提高木材对温湿度变化的适应性，降低制造过程中缺陷，提高木材尺寸稳定性。目前，国内有些企业致力于该方面的研究和测试且取得阶段性成果，并获得国家发明专利（见图 5-31）。

　　因全国各地的空气湿度、温度的不同，在传统红木家具的制作中，红木家具在制作过程中往往留有一定的"伸缩缝"，干燥时，伸缩缝大；湿润时，伸缩缝会小。伸缩缝的存在，既不美观，又易落灰，从而较大程度地降低了红木家具的品质。按照该专利技术要求制作的红木家具，可实现红木家具的无缝接合，从而大大提升红木家具制品尺寸稳定性和品质。步骤如下：①冷冻：将木材放入冷处理室内，进行冷冻处理；② 一次烘干：将冷处理后的木材放入第一热处理室内，进行烘干，至含水率为 6% ～ 10%；③返潮：将烘干后的木材放入自然环境中对木材进行返潮处理，将木材的含水率回调至 10% ～ 15%。该发明提供一种木材处理方法及

▲ 图 5-31 "一种提升红木尺寸稳定性的处理方法"发明专利证书（专利权人：东阳市荣轩工艺品有限公司）

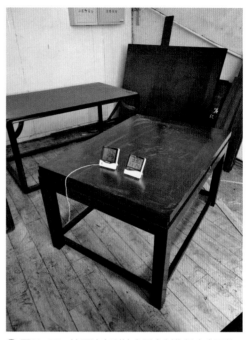

▲ 图 5-32 按照该专利技术要求制作红木家具的反复平衡测试（东阳市荣轩工艺品有限公司 供）

通过该处理方法进行木材加工的方法，处理后的木材还能保持其本性，活性好，木材的韧性足够，使得处理后的木材不易变形或开裂，且光泽度好，加工得到的产品质量好。

三、选材开料

对家具各构件进行选材时，要以整体的视角来审视各构件与其相连接或对称的其他构件之间的穿插关系，根据构件所在家具的部位与造型形式特征，结合木材纹理走向及材质特点，以保证各构件纹理在空间走向的对称性及连续性，按照对称选料的原则，在板材上进行量材开料。选材遵循从好料到次料、从长料到短料、从宽料到窄料的顺序，并参照木材的直径大小、长度、种类、新老料等情况分类选材，合理选料能充分体现木材的审美价值。

对于承重构件应该在板材的中材部位画线取料，对于辅助构件则遵循有中材选中材，无中材则选其他的原则。但无论在中材部位、边材部位，还是在心材部位画线下料，都必须保证所画构件轮廓、线型、走向与板材纹理走向的一致性及对称构件的对称性。只有这样才能够最大程度地保证对称构件或构件对称部位由于各向异性所引起的抽胀变形应力相互抵消，再加上榫卯结构的控制，提高整体框架的稳定性。按照所画的构件外轮廓线，用框锯、线锯锯割出构件的形状，其工艺要点有拨料锉齿、站势要稳、顺纹用锯、用力要巧。

四、木材刨削

木材选材开料之后，为进一步进行后续结构部件的制作，符合红木家具制作尺寸要求，让木材更加平滑、顺畅，需要将木材进行刨削。传统红木家具制作的刨削采用纯手工进行，工具是手工刨；现在企业必要的时候会采用机械刨削，采用的机器是刨平机。

尽管木材刨削工序看似十分简单，但是在实际操作上一定要讲究力量的均衡使用，积累丰富的技巧才能让这道工序较好的完成，也不影响后续工艺的发挥。刨削的时候一定要顺着木材纹理的方向，用力均匀地进行平刨。刨平木材时，先将木材的一边刨平，然后进行设置挡板，借助挡板，将已经刨平的一面紧贴着挡板，然后刨相邻的一边，这样刨出的木材，相邻的边是垂直的。刨削之后的木材属于精料，需要根据规格将相同类型的放置在一起；有必要的话可按照下一工序木材的使用顺序来码放，以提高工作效率。

五、木结构画线

木材锯刨以后，需要进行凿眼、做榫、刨槽起线、裁台、截割等加工程序，必须要进行画线，也称为木结构画线。木结构画线是红木家具造型的重要环节，涉及家具的整体和局部的高低尺度，腿、框等承重部位木料好劣和面料的正确选用。画线要确定家具的上下、左右、前后用料，确定用料的锯断部位、凿眼部位、榫卯形式等内容。画线常用的工具有铅笔、角尺、勒刀、画线刀（画针）、墨斗等。

⚠ 图5-33　木结构画线

⚠ 图5-34　开好的木料

木结构画线的线型名称和画线方法包括①截线：一般是用实线表示，以画横线、竖线、斜线的方式，表示木料应该在此位置截断的加工线。②花线：花线也叫引线，一般作为榫头、榫眼的方向线。就是加工线从大面引到小面，从前面引到后面出现的一种直的或是斜的似点似线的点边线，或者有时只画一半形式的线型。③榫眼线：榫眼线一般用在腿、框料上，并决定榫眼的长短、方向、位置范围的线型。榫眼的宽度是以凿子的大小宽度为准。④榫头线：榫头线多用在框料和拉帐料上，一般分单榫线和双榫线，而榫头线的榫肩常常被花线代替，因为加工时只锯割榫肩而榫头部分不得锯割。⑤其他线型：前皮线（常和坡棱线、榫眼线、装板槽线重合）、裁台线、板槽线、下料曲线、俊角榫眼线、榫头大进小出线、钻孔中心线、交叉花线等。

六、开榫凿眼

木结构画线后，根据画线位置，精确做出各种红木家具构件，其中最重要的一项就是制作榫卯结构。做榫头使用锯割的方法，常用工具是锯；做卯眼使用凿剔的方法，常用工具是凿，包括平凿、圆凿和斜凿。虽然加工过程十分小心，但榫头和卯眼还是需要用修整工具进行多次修正，保证装配后的木料配合紧密，榫卯连接处严丝合缝。技术要求凿榫眼要方正、直（异型除外）。榫眼分半眼和透眼，半眼指暗榫，要求榫眼、榫底要平；透眼一般要求由料的两面对凿，凿完眼后要两面相碰无误。技术高超的师傅凿透眼可以从一面直接凿透，同样榫眼要方正、直，同时背面又不凿劈裂，这在工匠中叫"凿透眼不翻个"。

有些家具用料大，要求将榫眼凿得较深，因为家具主要受力部件的榫眼深度不小于料厚度的一半，这就要求工匠凿眼时做到下手稳、准。严格地讲，传统手工凿榫眼长端两侧的眼壁不是直上直下的，而是中间略窄呈内凸，俗称"枣核眼"，这种榫眼只有手工才能完成。将做好榫卯的木部件，试组装成一个相对独立的结构单元，主要是检查榫卯尺寸大小是否合适、是否严密、有无歪斜或翘角等情况，这个过程叫做"认榫"。如发现不妥，要及时修整，确保每一个结构部件单元的表面都符合标准的尺度规定。

▲ 图5-35 机器开榫

▲ 图5-36 开好的榫眼

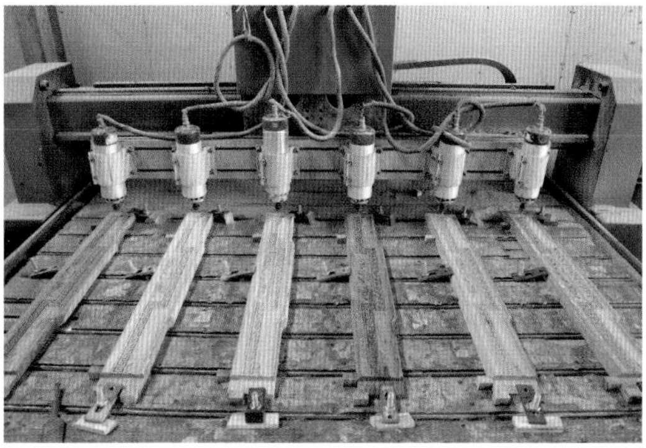

图 5-37 机器雕刻

图 5-38 手工雕刻

七、雕刻

雕刻，又称“雕花”，即在家具部件上进行雕刻花纹和起线等工艺，包括画、凿、雕、修、刮、磨等工序和手法。雕刻纹饰之所以要在认榫之后进行，是因为连接在一起的木配件已定形，在同一平面之上，这时进行雕花起线可确保所有的雕花浅深一致；如违反这个次序，则不能保证雕花部件都在同一平面上。

传统红木家具运用手工雕刻，雕刻工具有平刀、斜刀、圆刀、三角刀、刳刀、反曲刀等。平刀刃口平直，主要用于铲平木材表面，达到平滑无痕。圆刀则常用于雕刻一些图案纹样的圆面，在处理起伏变化上适应性更好、更省力。雕刻在技术上要求对各种材质的纹理走向了如指掌，凿、铲、溜准确无误，手头利索干净，手劲准确，所以一件好的雕刻作品都是心灵在做工。现代红木家具制作中常用的雕刻手段是电脑雕刻，也称为机雕，即使用计算机控制的木工雕刻机来完成雕刻。机器雕刻从加工原理上讲是一种钻铣组合加工，新型的雕刻机的刀头尺寸小，可以实现不更换刀头直接完成粗细各部分的雕刻作业。机器雕刻中前期计算机操作的各种设置过程较为复杂，但是设置完成后，后期工作效率高，工人调整好雕刻机，固定好需要雕刻的工件，就可以自动进行雕刻。电脑雕刻后再以手工雕刻精修打磨，达到图案清晰完整、层次分明，底面光洁平整、无刀痕，圆面光滑、和顺，线条均匀、光滑、顺直的目的。

八、组装

组装，也称“攒活”“使鳔”，是指把所有的红木家具部件正式组装起来的工序。由于红木家具采用榫卯结构，组装时需要按照设计的顺序依次完成插接。组装完成后，如果需要拆卸，也要按照原来的步骤反向进行，否则就可能出现安装错误。

▲ 图 5-39　组装

▲ 图 5-40　修整

组装的过程是先将零件组装成部件，然后将各个部件进行组合。零件之间的榫卯连接已经进行了试组装，以确定榫卯的配合精准。有些难以保证百分百严密的榫头和卯眼还要刷上鱼鳔胶或环保胶，装好后擦去多余的胶，如有不方不正的小误差，可用挤压推拉的方式及时调整。部件组装完成后，需要用夹具夹紧，放置一定时间后，待零件之间的应力平衡，尺寸稳定后才可以解除夹具。结构复杂的家具，在整体组装完成后也需要使用夹具将各个连接部位夹紧。

九、修整

修整，又称"净活"，是指对组装好的家具的局部做必要的修理、调整。净活常用的工具有镑刨、刮刀等。刮磨后的家具纹理清晰、表面平滑。一件家具组装好后，要静置一两天，等各个部位连接紧密后才可以进行修整。净活的工作内容是对木材接口处微小不平之处，用镑刨进行刮平修整，之后还要把新加工处打磨干净，把胶迹刮擦干净等，以进行上漆上蜡。

传统工艺中火燎是对组装好的家具做最后的修整。如果各方面检查无误，还要对白茬家具进行火燎处理，即用酒精均匀涂在家具上，然后点燃。目的是利用酒精燃烧将家具表面翘起的细小木刺烧掉；现代工艺不用火燎，改用热水擦和水砂纸打磨。这样做可保证在上色后，家具的表面依然平整细腻，保证后序烫蜡擦亮的质量。

十、打磨

打磨，又称"磨活"，是指在上蜡之前对家具表面的瑕疵进行修形、抛光的过程，确保每一个部件都达到表面平整精细，无刀痕、擦痕等。打磨应顺着木材纹理进行，否则会破坏表面纹理的美观。打磨又可分为干磨和湿磨。传统工艺是用泡湿的锉草捆成草把，将各个部件的每

▲ 图5-41 手工打磨

▲ 图5-42 机器打磨

个表面都仔细打磨几遍；再用泡湿的光叶（冬笋的外皮）顺着纹理仔细打磨，所以行业术语叫"磨活"。经过磨活的木材表面非常光滑，用手抚摸感觉不到任何的凹凸不平，也看不见刻痕和横向的擦痕。

传统工艺中表面打磨处理还有一种工艺，即"干磨硬亮"，就是用牛角制成的工具在已经细磨的家具部件上使劲磨，使家具表面形成一层类似于膜和壳的感觉，有一种晶莹剔透的视觉效果。经过"干磨硬亮"的处理，家具一般可以不烫蜡或只烫薄薄一层即可。现代改用水砂纸和机械打磨，功效更高，成本更低，但不如用传统磨光效果圆润。

十一、上漆上蜡

上漆，也称"漆活"，传统称为"髹漆"，是指对经过上述工序的红木家具进行涂漆染色处理。红木家具上漆，一般使用生漆，又称为"国漆""山漆""大漆""土漆"，是从漆树上采割而获得的天然树脂涂料。在我国，生漆的使用已经有七千年的历史，是真正环保健康的绿色材料。生漆漆膜光亮通透，能突现木材的纹理和孔眼；色泽耐久，保光性能特优，使用期可达数百年；不易污染，不怕虫蛀，不受温度影响。上漆之后整个红木家具看上去色泽饱满，光亮温润，更加符合大众的审美眼光。并且更加具有耐腐、耐磨、耐酸、耐溶剂、耐热、隔水和绝缘性好等特性。

上漆的工艺较为复杂，传统的髹漆工艺分为打坯、批灰、打磨、上底色等十八道工序，完成整套工艺耗时超过一个月，甚至数月，且生产过程要在阴暗潮湿的不良环境下进行，因而不能满足大批量生产的需求。目前，传统的髹漆工艺只有部分家具企业还在使用，而正在广泛使用的是现代的上漆工艺。现代工艺由传统工艺演化而来，其采用的漆中添加了用来改良性能的化学成分。现代工艺有打坯、批灰、打磨、上底色、喷底漆、打磨、喷中涂漆、阴干、揩漆等步骤。与传统工艺相比，喷涂方式加工出的漆膜分布更加均匀，漆膜厚，强度高，适应现代家居环境，容易保养，不易损伤，且生产效率提高很多。

上蜡，又称"蜡活"，包括擦蜡和烫蜡，是制作红木家具的最后一道工序，即用加热法把石蜡熔融在家具表面上，待其部分渗入木材表层后，及时用柔软的白布用力擦磨多次，使家具表面显示出美丽的木纹、颜色和光泽，并防止因温度、湿度变化而造成家具的开裂变形。烫蜡工序中包括烫、刬、搓等手法，可分为熔蜡、布蜡、烫蜡、起蜡、擦蜡、抖蜡6个步骤。与打磨工序一样，烫蜡也需要顺纹进行，使蜡渗入木材管孔并均匀分布在木材表面。

上蜡使用的蜡一般为蜂蜡。蜂蜡是蜜蜂在筑建蜂巢时分泌的一种蜡质，呈淡黄色或暗棕色，提纯后为白色，带有独特的蜂蜜香味，具有防潮、防腐、防氧化的特性。蜂蜡用于红木家具的做法在北方出现较多，因北方气候干燥，木质中的水分极易流失，从而会导致家具开裂，而给家具上蜡则可有效的阻隔水分流失，保护木质。另外，蜂蜡还可促进家具表面包浆，使得家具的使用寿命更长。

上漆和上蜡是家具表面的最后一层工艺，各有利弊，各有所长，谈不上谁好谁坏，有些顾客喜欢上漆后的光泽与质感，也有人更爱打蜡后的自然古朴。

以上生产工艺流程的每个环节还能细分出许多道小工序。一套品质上乘的红木家具，须经由几十道严密的生产工序方能完成。每一道生产工序对红木家具均起着重要的影响作用，并且互为前提，相辅相成，一道都不能少。

◎ 图5-43　上漆

◎ 图5-44　上蜡

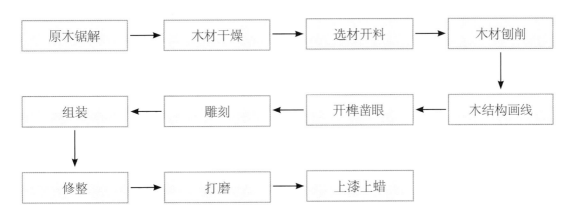

原木锯解 → 木材干燥 → 选材开料 → 木材刨削

↓

组装 ← 雕刻 ← 开榫凿眼 ← 木结构画线

↓

修整 → 打磨 → 上漆上蜡

⚠ 图 5-45　红木家具生产流程图

⚠ 图 5-46　制作流程繁复工艺精致的红木大床
　　（吉利红木　供）

第六章 红木家具——产地及品牌

全国主要红木家具产地

河北大城

浙江东阳

福建仙游

广东中山

广西凭祥

云南瑞丽

全国知名红木家具品牌

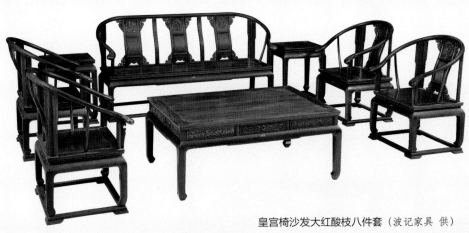

皇宫椅沙发大红酸枝八件套（波记家具 供）

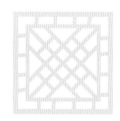

第一节　全国主要红木家具产地

一、河北大城

大城县地处华北平原中部，河北省廊坊市南端，是集红木原材料集散、红木家具生产销售和红木文化旅游于一体的"中国北方最大的红木家具产业基地"，受众人群主要覆盖长江以北，总量达5亿人之多，享有"中国京作古典家具之乡"的美誉。

大城县历史悠久、文化深厚、交通发达，红木家具产业发展由来已久，自明末清初起，大城的工匠们就开始对宫廷家具的工艺进行研究，因此有着坚实的基础。改革开放以来，大城红木家具历经了80年代的倒买倒卖、90年代初期的破旧家具修复、90年代中期的小作坊仿制、90年代后期的初级成长和进入21世纪以来的快速发展五个阶段，30多年的历程逐步形成了以南赵扶镇冯庄、小李庄、叶庄子、堤北等村街为中心，辐射全镇38个村街及临乡、临县20多个村街，拥有企业1000多家，从业人员4万多人，年产大中小各类红木家具产品80万件(套)、年产值60亿元的市场规模。

◀ 图 6-1　大城红木文化产业新城

　　大城县生产的红木家具以京作宫廷家具为主，高档的主要为紫檀木、黄花梨和大红酸枝，平价档次的为缅甸花梨，采用榫卯结构，做工考究，高贵典雅，底蕴深厚，极具皇家风范。代表性的企业为：陶然居、宝德风、德发、红日、天利。

　　2017年，大城县建成了占地717亩，总建筑面积60万平方米的大城红木文化产业新城，这是一个集红木交易、红木博览、精品拍卖、质量检测、研发设计、文物鉴定、仓储物流、名人收藏为一体的文化体验基地，入驻商户近800户，每周客流量达5万人次，经营品种达上千种，已成为我国北方最大的红木产品和古玩工艺品交易中心。

二、浙江东阳

　　东阳市地处浙江省中部，甬金高速、诸永高速在境内交叉而过，为浙中交通枢纽。东阳市是全国最重要的红木家具生产基地之一，也被誉为"中国工艺美术之乡""中国木雕之乡"，受众人群覆盖长三角地区，总量达5亿人之多。

　　东阳市已有1800多年的历史，因为当地人崇族祭、重门风、尚教育，形成独有的风俗习惯和民间文化。自明清以来，东阳地区的家具，既与我国古代传统家具一脉相承，又融入了东阳本地独有的民俗文化和人文内涵，尤其结合了东阳木雕精湛而独特的雕刻技艺，因此在材料、工艺、雕饰图案等方面自成一派，被称为"东作"家具。据最新统计，东阳市木雕红木家具在册企业有2000余家，其中规模以上企业（产值2000万元以上）209家，年产值超过200亿元，缴纳税费4.2亿元，从业人员10余万人，其中拥有亚太地区手工艺大师3人，中国工艺

美术大师 6 人，省级工艺美术大师 36 人。东阳先后被
命名为"中国木雕之都""中国红木（雕刻）家具之都""全
球木雕产业合作基地""世界木雕之都"，"东作"产品
品质也不断提升，现拥有浙江省名牌产品 8 个、金华名
牌产品 18 个，获东阳市长质量奖企业 4 家、金华市著
名商标 17 件，累计申请专利 1976 件，授权专利 1647
件，被认定为"浙江省专业商标品牌基地"。代表性的
企业为：明堂、东艺、御乾堂、荣鼎轩、卓木王、大清
翰林、旭东、中信等知名红木企业。

图 6-4　东作品牌

　　连续多年，东阳市开展了"东阳红木家具十大精品"评选活动和"东阳红木家具知名品牌
企业"评选，举办中国古典红木家具理事会年会、全国首届红木经销商大会、华东地区第一届
红木家具采购交易会等行业盛会，极大地提高了东阳红木市场和"东作"品牌在全国的知名度
和美誉度。

三、福建仙游

　　仙游县地处福建省东南沿海中部，隶属于莆田市，是福建乃至全国木雕工艺发源地之一，
在此基础上形成了仙游红木家具产业，被誉为"工艺美术品之乡""中国古典工艺家具之都"。

　　北宋时期随着南方经济的进一步开发，我国经济重心逐步向南方发展，仙游县依托武夷山
丰富的自然资源，手工艺品制作开始逐渐发展起来，其中红木家具就是其中重要的一个门类。

时至今日，仙游已经发展成为国内最大红木家具生产基地之一，古典工艺家具专业化程度高，形成一定规模的集群，高档产品占国内市场份额六成以上。仙游县红木家具企业 3000 多家，从业人员 7 万余人，出现了一批木雕、古典家具生产专业镇、专业村、专业街，年创产值 200 多亿元。

仙游主要生产古典工艺家具，其家具艺术是传统国画艺术、雕刻艺术与家具制作技艺的巧妙融合，是明清家具经典款式的延续和创新，风格独树一帜，被称为"仙作"家具。代表性企业为：三福、鲁艺、大家之家、六合院、四君子等红木企业。

仙游县形成"一街四走廊"（即中国古典工艺家具第一长街，城关至榜头、榜头至连天红、城关至度尾、城关至郊尾四条工艺走廊），"两园六个城"（即工艺产业园、仙作物流园、中国古典工艺博览城、国际油画城、石艺城、永鸿文化城、根艺古玩城、海峡艺雕旅游城）的产业规模。

▲ 图 6-5　仙游中国古典工艺家具第一长街

◀ 图 6-6　仙游古典工艺博览城

四、广东中山

中山市位于广东省中南部，地处珠江出海口，是国家历史文化名城，是全国唯一以伟人名字命名的城市。

中山红木家具起源于20世纪70年代，行业历经了30多年的锤炼和积累，已发展成规模化、专业化、科技化和现代化的产业集群，红木家具销售辐射全国各地。中山市拥有中国红木家具生产专业镇、中国红木雕刻艺术之乡——大涌镇，以及中国较大的红木家具销售市场——沙溪镇，全国较大的明清古旧家具集散地——三乡镇。三镇的红木古典家具生产资源、市场资源各具特色，优势互补。

中山红木家具以材质优良、做工精巧和设计彰显中国传统艺术特色而著称，主要风格为广作风格，红木主要依靠从非洲、巴西、东南亚等地进口，产品除畅销全国各地外，还远销美国、俄罗斯、法国、加拿大、中东、东南亚和港澳等十多个国家和地区。代表性企业为：区氏红木、波记、忆古轩、东成红木、红古轩等。

中山市目前已建成了全国知名的"红木家具十里长廊"，主要由中国（大涌）红木文化博览城、盈联汇国际家具广场、大唐红木家具市场、隆都红木家具博览中心、隆都红木家具商贸中心、金隆红木家具城、中飞红木中心、敦陶红木家具城、大涌红木家具工艺城、南华红木家具产业园、远扬红木家具批发市场等构成，以巨型卖场不断强化中山红木家具产业，成为全国最大的红木家具销售市场之一。

🔺 图6-7 中山大涌红木文化博览城

▲ 图 6-8　中山红木家具博览会

五、广西凭祥

凭祥县隶属于广西壮族自治区崇左市，位于中越边境，与越南有铁路和高速公路连接，被誉为"黄金通道"，依托与越南接壤、便于从东南亚进口红木及其制品的区位和贸易优势，着力打造中国最大的红木产销集散地，被誉为"中国红木之都""中国—东盟红木家具之最"。

1992 年第一届中越（凭祥）商品交易会上，七八位越南商人带着他们的老式红木家具来到凭祥浦寨寻找商机，恰逢改革开放的惠民政策，他们的红木家具在凭祥迅速发展起来，也给凭祥的经济发展带来了一个新产业。凭祥红木厂店从最初的几家到几十家、几百家，再到现在的上千家；产品由最初的小工艺品到现在的大宗家具；经营方式由转销到现在的前店后厂；从小作坊生产模式，到拥有了浦寨红木半成品市场、南山红木成品市场、"中国红木第一城"中国—东盟凭祥红木国际商城等大规模的红木集散地、红木营销市场；并且拥有比较完善的市场机构、设施、营销、检测机构。代表性企业为：吉利红木、清宝阁、东兴家家红等。

中国—东盟凭祥红木国际商城暨中国—东盟凭祥红木文化产业园占地约 575 亩，总建筑面积约 70 万平方米，总投资额 15 亿元人民币，分为红木加工园区、商住区、红木文化市场等三大区域，拥有国家红木质量检测中心、国家红木博物馆、红木家具及工艺品拍卖中心、红木精品展示中心、物流配送中心等配套设施，是迄今为止全国甚至东南亚地区规模最大、功能最全、定位最高的红木产业综合体，被中央电视台誉为"中国红木第一城"。

🔺 图6-9 中国—东盟凭祥红木国际商城

◀ 图6-10 广西代表性企业
（凭祥市吉利红木厂 供）

六、云南瑞丽

　　瑞丽市位于云南省西部，西北、西南、东南三面与缅甸相邻，拥有我国唯一按照"境内关外"实行特殊管理的姐告（傣语，意为"旧城"）边境贸易区。

　　20世纪70年代初期，瑞丽吸引了大量来自福建、广东、浙江、四川等地的商人前来创业，以奥氏黄檀和大果紫檀为主的缅甸木材，最早开始在中缅边贸市场中出现，但从单纯木材贸易逐渐转向产业集群发生在 2009 年，资本、资源、市场三者的联袂，使得瑞丽红木家具市场在短期内形成，并得以迅速发展，完成了由名贵木材"中转站"向西部"红木之都"的转换，一跃成为云南最大、西部最具竞争优势的红木家具、红木工艺品产销集散地，并创造出产供销一体化的产业体系。代表性企业：志文红木、万宝红等。

几乎所有瑞丽红木家具品牌在南亚红木家具国际博览中心都拥有两至三家直营店，此外，在各自籍贯地也拥有一家以上的直营店。随着瑞丽红木家具区域品牌的不断深化和打造，来往瑞丽的红木家具外地经销代理商也越来越多，大部分企业表示，经销商订单占企业营业额的较大比重。

🔺 图 6-11　南亚红木家具国际博览中心　　🔺 图 6-12　瑞丽红木家具节

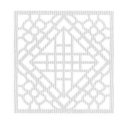

第二节　全国知名红木家具品牌

区域	企业名称或品牌名称	地址	家具风格特色
北京	行之行	北京市丰台区南三环西路	明清传统
	元亨利	北京市通州区佰富苑开发区	明清传统
	泰和祥	北京市丰台区卢沟桥北路	明清传统
	太和木作	北京市丰台区成寿寺爱家红木大观楼1层龙顺成	明清传统
河北大城	红日	河北省大城县南赵扶镇冯庄	明清传统
	陶然居	河北省大城县南赵扶镇叶庄子村	明清传统
	大成德发	河北省大城县南赵扶镇冯庄	明清传统
河北涞水	万铭森	河北省涞水县保野路北涧头西	明清传统
河北香河	阮氏红木	河北省香河县京东环保工业园	明清传统
山东淄博	福王红木	山东省淄博市周村区周隆路4567号	明清传统
江苏南通	紫翔龙	江苏省海门市南海东路765号	明清传统、新中式
江苏常熟	羽珀	江苏省常熟市辛庄镇工业园	新中式
	亨德利	江苏省常熟市东南开发区南溪路9号	明清传统、新中式
浙江义乌	古佰年	浙江省义乌市义南工业园区朝阳东路92号	明清传统
	年年红	浙江省义乌市稠江街道江湾工业区	明清传统
	至尊宝	浙江省义乌市义北工业区（苏溪镇）	明清传统

区域	企业名称或品牌名称	地址	家具风格特色
浙江东阳	荣鼎轩	浙江省东阳市湖莲西街与月新路交汇处附近东南	明清传统、新中式
	御乾堂	浙江省东阳市城南西路 218 号	明清传统
	古艺福	浙江省东阳市 217 省道与花园大道交汇处西北	明清传统
福建仙游	三福	福建省仙游县榜头镇坝下工艺城	明清传统
	大家之家	福建省仙游县榜头镇坝下工艺城 1-3 号	明清传统
	六合院	福建省仙游县郊尾镇六合院艺术园	明清传统
	鲁艺	福建省仙游县鲤城街道北宝峰社区世纪南街 3311 号	明清传统
	四君子	福建省莆田市涵江区洞庭技术开发区	明清传统
广东深圳	深发工艺红木	广东省深圳市龙华区高尔夫大道 5 号观澜湖国际大厦 11 楼 I 单位	明清传统
	友联	广东省深圳市龙岗区瓦窑一路 3-1 号	明清传统
广东中山	波记	广东省中山市沙溪镇濠涌路 481-490 号	明清传统、新中式
	东成	广东省中山市大涌镇岐涌路	新古典
	志成	广东省中山市沙溪镇新濠南路	新中式
	红古轩	广东省中山市大涌镇岐涌路 123 号	新中式
	伍氏兴隆	广东省台山市大江镇公益东头管区益兴路 88 号	明式传统
广西凭祥	吉利红木	广西壮族自治区凭祥市南山工业区	明清传统
云南瑞丽	志文木业	云南省瑞丽市畹町芒另路口	明清传统

说明：本书编委会经过对全国数百家红木企业（有报名自荐的企业或行业推荐的企业）认真筛选和实地考察，综合多方因素推荐上述企业，作为对全国红木消费者诚信推荐之用，推荐截至 2018 年 4 月 30 日。

机构专业鉴定

出具鉴定证书

红木家具常见的质量问题

木材干燥问题

制作工艺问题

木材造假问题

红木家具的维护与保养

使用范围及环境

日常养护

定期保养

常见问题及维修

第七章

红木家具——选购与养护

金玉满堂沙发大红酸枝十件套（吉利红木 供）

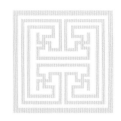

第一节　红木家具的选购指标

一．看造型

　　无论购买什么风格、什么材质的红木家具，造型是一定要作为首要考察的指标。红木家具主要分为古典红木家具和新中式红木家具两类，二者没有孰好孰坏、孰贵孰贱，要根据自己的喜好、习惯、预算和家中风格环境来选购。

　　古典红木家具的造型讲究"在谱"，"谱"指的是王世襄先生在2003年出版的《明式家具珍赏》一书中记载的家具，也包括故宫、拍卖行、博物馆收藏的传统明清古董家具。"在谱"便是指制作时要遵照传统明清家具的样式、比例和尺寸，不可随心所欲的篡改，否则就会失去风格神韵，变得不伦不类。但另一方面，也不必为了追求一比一的复刻而追加额外的预算，因为并不是所有的传统家具都是经典而不可逾越的，比如明式家具研究大家王世襄先生在《明式家具研究》中也曾指出过明式家具中的"八病"。适当的改良和优化，可以使家具更适合当代人的使用和生活，只要不影响整体造型的效果和风格，都是在可接受的范围。

🔺 图7-1　传统红木家具中堂（古佰年 供）

⬆ 图 7-2　新中式红木家具（羽珀家居　供）

新中式风格的红木家具则更看重的是原创设计和个人喜好。优秀的新中式设计，应该是审美和功能的升华，而不是简单的元素堆砌、风格拼接和刻意的求新求怪，要在家具设计中体现文化内涵，并兼具舒适度、实用性、人性化、时尚感，以贴近当代人生活需求。当然，选购新中式风格的红木家具时更重要的是个人喜好，要根据自己的审美、需求去把握，不要过多听信店家天花乱坠的介绍，毕竟家具是买回家自己用的，自己觉得好才是真的好。

二、看工艺

过了"好不好看"这一关，就要考虑"做工好不好"，工艺的好坏直接影响家具的外观、质量、使用寿命和收藏价值，主要从工艺、雕刻、表面处理等几方面考察。

家具工艺主要看家具的表面是否平整，线脚是否流畅，榫卯结构是否严谨以及拼板数量的多少，可以先用手触摸家具台面、边缘、隐蔽处感受有没有高低起伏，再轻轻敲打家具的各部位，通过声音来判断家具的部件接合是否紧密。特别要注意榫卯结构的工艺好坏，榫卯结构是红木家具的精粹，直接决定了家具的品质和价值。考察榫卯结构的工艺，主要看家具各部件接口处，接口需要严丝合缝，榫头完整，无胶水痕迹，才可以称得上是一件好家具。此外，还有很多商家在隐蔽处偷工减料，以铁钉代替榫卯结构，可以用金属探测器来检验家具的内部结构是否藏有铁钉。

雕刻工艺主要看雕刻纹样的形象是否生动，层次是否分明，线条是否清晰。雕刻分为机械雕刻和手工雕刻，手工雕刻传神而生动，但耗时耗力，价格较高，一般应用在高端家具上；机械雕刻木讷而呆板，一般用精雕机按图形样式进行电脑雕刻，成本比较低，常用于低端家具上；还有一种由机器打胚再手工精雕的方式，美观而精致，但雕刻题材单一、创意不足，常用

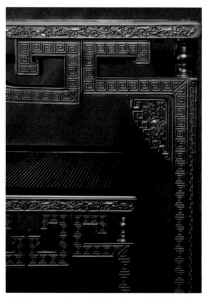

于中低端家具上。雕刻除了考察本身的工艺，还要看与家具整体是否搭配和谐，并不是雕刻越多越复杂，越好越贵，而是要浓淡相宜，适当点缀。

　　表面处理主要看打磨和涂饰工艺。红木家具的打磨一般先用刮刀刮磨，再用砂纸多次手工打磨，好的打磨工艺讲究表面平整细腻，纹理清晰，线条顺畅。涂饰工艺一般为上漆或者烫蜡，是红木家具制作的最后一道工艺，仿佛给红木家具穿上一件衣服，好的涂饰工艺会让家具表面颜色均匀，木质细腻，光泽温润。

▲ 图7-4　红木家具的雕刻工艺（荣鼎轩 供）

三、看材质

　　红木为现行《红木》新国标中规定的5属8类29种，

▲ 图7-5　红木家具的表面处理工艺

5属是以树木学的属来命名的，即紫檀属、柿属、黄檀属、崖豆属及决明属。8类则是以木材的商品名来命名的，即紫檀木类、花梨木类、香枝木类、黑酸枝木类、红酸枝木类、乌木类、条纹乌木类和鸡翅木类。同时，红木是指这5属8类木料的心材，心材是指树木的中心、无生活细胞的部分，除此之外的木材制作的家具都不能称为红木家具。

　　目前，红木家具市场上最高档的材质为降香黄檀（海南黄花梨）和檀香紫檀（小叶紫檀），这两类木材市场上存量极少，是中国传统红木家具的重要用材，有着深厚的历史底蕴和文化内涵。第二梯队的红木为交趾黄檀（大红酸枝）、微凹黄檀（可可波罗）、卢氏黑黄檀（黑酸枝）、东非黑黄檀（紫光檀），所能见到数量较少。第三梯队为巴里黄檀（花酸枝）、奥氏黄檀（白酸枝）、伯利兹黄檀（大叶黄花梨）、条纹乌木。第四梯队为大果紫檀（缅甸花梨）、刺猬紫檀（非洲花梨木）及鸡翅木。其余可归为第五梯队。这一分级仅按照目前市场红木材质价格划分，随着对木材材性的研究和红木资源的不断减少，未来各种红木的价格会发生变化。

红木家具的材质除去辨真假品类，还要看品相好坏，要考察红木的纹理、结构、色泽，好红木一定要纹理清楚，颜色均匀，无结疤，无坑洼。现在有一些商家为了降低成本，还会把带有"白皮"（即密度小，强度低的边材）的红木掺入家具用材中，这时就要观察红木表面是否有大块的黑色沉淀或者纹理不清晰的地方，很有可能是白皮涂了油漆或经火烧、描绘伪装而成。

用材的独板和拼板也大有区别，独板就是用一整块木头做成的板材，需要比较大的木材制成，独板家具价值远远高于拼板家具。但并不是拼板家具就不值得购买，好的拼板家具材质上色差小、纹理统一，并不会影响家具的使用和观赏。成对的家具或部件，如一对圈椅或者顶箱柜门，则还要注意二者的材质纹理对称、颜色统一、质地细腻与否，这些因素都影响着红木家具的价值。

表 7-1　市场常见红木家具材质价格等级表

等级	木材名称	价格指数（星级）	大致价格（万元 / 吨）
第一梯队	降香黄檀、檀香紫檀	★★★★★	降香黄檀 800~2000； 檀香紫檀 45~160
第二梯队	交趾黄檀、微凹黄檀、卢氏黑黄檀等	★★★★	交趾黄檀 10~40；微凹黄檀 3~15；卢氏黑黄檀 3~10
第三梯队	巴里黄檀、奥氏黄檀、伯利兹黄檀、条纹乌木等	★★★	巴里黄檀 2~8；奥氏黄檀 2~5；伯利兹黄檀 1.5~2；条纹乌木 1.5~2
第四梯队	大果紫檀、刺猬紫檀、东非黑黄檀、鸡翅木等	★★	大果紫檀 1~6 万；刺猬紫檀 0.5~0.8；东非黑黄檀 0.5~1；鸡翅木 0.5~0.8

说明：根据木材产地、材质品质、规格大小的不同，材料价格变动较大；品相好的木材往往更是一木一价。

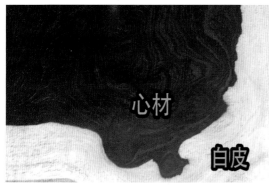 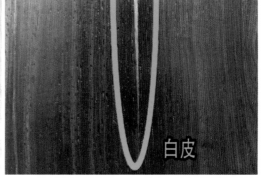

▲ 图 7-6　红木家具的心材和边材（俗称白皮）

⬧ 图7-7 红木家具的拼板及其效果

四、看品牌

购买红木家具要选择有一定知名度和口碑较好的品牌，虽然品牌店的价格略高，但是材质真假、产品质量、售后服务都有保障，切忌带着捡漏的心理去一些集市、散摊之类的地方瞎淘，贪图便宜反而容易上当受骗，并且投诉维权无门。

在选择红木家具品牌时，先要查看厂家的生产许可证、营业执照等相关材料，确保厂家的真实性、正规性，再看厂家承诺的售后服务，这是关键所在。原因有以下几点：其一，红木家具因为其材质的天然属性，难免在使用过程中出现缩胀、变形、开裂等问题，此时就需要有完善的售后服务及时维修；其二，每一件红木家具都是独一无二的，遇到部件破损等问题需要更换，肯定是原厂出品的更匹配；其三，红木家具十分注重品相，小小的刮痕、烫痕都要及时修复，好的售后会提供定期的上门检修、保养等服务，以保证家具在使用过程中保持美观，即使是收费的，也可以为消费者省心省力。售后环节薄弱的红木家具产品，服务往往以售出家具为终止，在使用过程中家具出现任何问题，都可能需要自己承担。

⬧ 图7-8 杂乱的红木家具集市

此外，看红木家具的品牌不光要看其对外宣传的广告，还要了解品牌的文化背景和整体实力，选择有潜力的品牌购入家具，未来升值的空间很大。就好比爱马仕、芬迪这些国际一线家具品牌，其品牌本身就是一张名片，标志着家具尊贵的品质和地位。红木家具从材质上讲本就身出名门，如果再有优质品牌的加持，其升值和收藏空间不可限量。

五、看证书

从2013年2月1日起，《红木家具通用技术条件》（GB 28010-2011）便正式实施，目前已由强制性改为推荐性。其要求所有在售的红木家具都必须符合新标准，配备"一书一卡一证"方可上市销售，即红木家具产品使用说明书、产品质量明示卡和产品合格证。因此在购买红木家具前，要对这些证书一一考察。

产品使用说明书：是生产厂家根据国家的法律要求对企业产品使用所做的规范性说明，该说明书需经向当地市级或以上家具产品质量监督检验单位咨询合格方可发布。该说明书内容应该包括产品适用范围、安全提示、产品保修内容、生产企业信息、经销商信息等。

产品质量明示卡：除明示卡的题头部分外，主要内容有：第1部分包括产品分类，产品名称，产品型号、规格，生产日期，产品适用范围；第2部分包括产品主要用材，产品涂饰与装饰工艺；第3部分包括产品安全提示，产品保修，产品交付方信息（生产企业或经销商信息）等。在"产品主要用材"一栏中，要求"明示产品用材比例及用材名称"，并对用材比例不同的产品具体该附有哪些信息做出详细的规定，比如"非单一树种或木材名称用材的家具应明示为×××或□□□，并加注（非单一树种或木材名称用材），还应明示辅助用材名称、用料部位"。

产品合格证：产品合格证一件（产品）一证，应包括产品名称、合格证编号；产品执行的标准编号；产品检验结论；产品检验日期、出厂日期、检验员盖章（可用检验员代号表示）；

△ 图7-9 红木家具一卡一书一证（御乾堂 供）

⬆ 图 7-10　木材树种鉴定证书（御乾堂 供）　　⬆ 图 7-11　产品质量检验报告

生产企业名称等信息。

此外，还可以尽量让商家出示以下证书。

木材树种鉴定证书：鉴定证书必须由国家权威部门或取得 CMA（China Inspection Body and Laboratory Mandatory Approval）认可（是根据中华人民共和国计量法的规定，由省级以上人民政府计量行政部门对检测机构的检测能力及可靠性进行的一种全面的认可及评价）的鉴定机构出具，例如：国家各家具产品质量监督检验中心、国家林业局下设的地方木材检测鉴定中心、中国林科院、知名的林业大学。鉴定证书必须有木材的中文名、拉丁名等内容。

产品质量检验报告：检验报告必须由当地市级或以上家具产品质量监督检验单位出具，作为企业产品质量的重要证明文件，产品质检报告不仅是生产领域质量管理过程中必不可少的手续，也是流通环节中许多消费者识别或判定产品质量的重要依据。

六、看合同

选购红木家具需要仔细阅读合同条款，要确认商家的承诺是否在合同中得到体现，从而最大程度上避免因买到假、次货而造成的一些麻烦，既保护了自己的利益不受到侵害，又使不法商家无机可乘。

合同中，商家首先要明确按照国家规定的5属8类注明材质学名、拉丁名，而不是笼统写一个俗称，如商家说明产品为"海南黄花梨"，那么合同上就应该写为"香枝木 降香黄檀"，还要注明材质的纯粹度以及辅材、边材的含量；其次要写清楚交货方式和售后服务详尽事宜；最后还要写清实施"全保真假一赔三"的服务流程。

东阳市红木家具买卖合同

甲方（卖方）：＿＿＿＿＿＿＿＿　　合同编号：＿＿＿＿＿＿

乙方（买方）：＿＿＿＿＿＿＿＿　　签订地点：＿＿＿＿＿＿

第一条　红木家具基本情况　（请逐项填写，勿写"同样品"；"验收说明"等内容请在验收后填写。）

签订时间：＿＿＿＿年＿＿＿＿月＿＿＿＿日

家具名称	树种名称	树种产地	规格型号	商标	辅材/五金	边材状况	油漆	数量	单价	总价

验收说明	□ 验收合格　□ 问题及解决方案： □ 货款两清 □ 拒收及原因：	买方	送货时间	
		送货员	年　　月　　日	

第二条　质量标准：每件红木家具应符合 QB/T2385-2008 新版《中国深色名贵硬木家具标准》规定的树木名称，产品标识和实际用材符合，且不低于样品同等质量。

第三条　付款方式：定货时，甲方收取货款总额＿＿＿%（不得超过 20%）的定金（乙方违约定金不予返还，甲方违约定金双倍返还），余款提货或送货时付清。

第四条　自提货物。乙方自行提货，现场验收，缴清全款方可提货，提货时视为当日验收合格。

第五条　甲方送货，运费由甲方承担。乙方缴清货款，经乙方验收签收，卖方应在交货时督促买方对家具的商标、数量及款式等外观特征及有无《产品质量承诺书》进行验收，买方发现问题应当场提出，并由双方协商达成解决方案。

第六条　违约责任：若甲方未能按约定时间交货，每延误一天，按合同总额的＿＿＿%向乙方支付违约金。

◀ 图 7-12　红木家具买卖合同

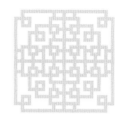

第二节 红木家具鉴定流程

一、联系鉴定机构

有的消费者买了家具后，对商家承诺的家具用材不放心，想对家具进行鉴定一下，便找行家进行目测辨认，其实这样的鉴定并不是保险的，最稳妥的办法是在行家掌眼后到正规的鉴定机构进行鉴定。可以让鉴定机构上门取样，也可以自行送样。

目前，中国林业科学院木材工业研究所木材构造与利用研究室、南京林业大学木材科学鉴定中心是国内木材材质鉴定最权威的技术机构。另外，具有相当规模的林业科研机构、教学单位和技术监督部门以及取得CMA认证的鉴定机构资质，都可以进行材质鉴定，是法定权威机构。例如，国家林业局林产品质量检验检测中心和各林业大学木材实验室等机构都有鉴定资质或出具的鉴定报告具有法律效应。

选择鉴定机构时尽量选业内具有较高影响力和知名度的专业机构，其鉴定结果更具权威度。下属机构或其他鉴定机构往往受条件、设备、人员技术手段的限制，容易引起鉴定对比的误差。尤其是要诉诸法律时，权威机构鉴定结果往往会被法院一次性采信，而普通鉴定机构的结论，不具有这种法律权威度，容易造成维权成本的增加。

⬙ 图 7-13 CMA 认证证书

二、机构专业鉴定

要准确鉴定到红木木材树种，需要在显微镜下观察木材细胞组织的微观特征，据此微观特征来鉴定木材称之为木材微观识别或木材鉴定。取样、切片、鉴定是木材鉴定的三步曲。

1. 取样

要鉴定木材，首先要对待检木材或制品进行取样。专业人员用生长锥或凿，从家具隐蔽处表面切取试样，最好取自靠近心边材交界处，生长轮正常部位。可以让鉴定机构上门取样，也可以取样然后送样鉴定，送样尺寸为 100m×50mm×10mm 以上，送检时应提供标称木材名称或树种名称、木材产地等相关信息。

2. 切片

木材切片包括三个切面，即横切面、径切面和弦切面。在木材三切面上可以观察木材各种细胞的立体形态及其相互关系，这是木材微观鉴定的必要手段。根据三个切面的综合图形，方能获得某种木材完整的微观构造特征。木材切片要求三个切面都要切正。木材切片是木材鉴定里面一道重要的程序，切片的好坏直接影响到后面的木材特征观察和鉴定结果。

3. 鉴定

用体视显微镜，对照木材标本，看生长轮类型、心材材色、轴向薄壁组织类型和结构等特征，判断木材类别。在生物显微镜下观察切片的微观特征，如管孔类型、轴向薄壁组织类型、木射线类型等，与模式标本的构造特征对照，确定木材种类或名称。

◎ 图 7-14　家具取样（张文强　供）

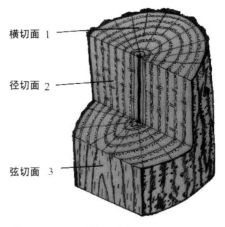

横切面　1
径切面　2
弦切面　3

◎ 图 7-15　木材的三个切面

▲ 图 7-16　科研人员在研究木样

▲ 图 7-17　木样标本（陈旭东 供）

　　鉴定中还需要有足够的工具书或参考资料，目前国内比较权威而适用的木材识别鉴定工具书有：成俊卿等编著的《中国木材志》；刘鹏等编著的《东南亚热带木材》《非洲热带木材》；江泽慧等编著的《世界主要树种木材科学特性》；徐峰等编著的《木材鉴定图谱》《热带亚热带优良珍贵木材彩色图鉴》《中国及东南亚商用木材 1000 种构造图像查询系统》；姜笑梅等编著的《拉丁美洲热带木材》；方崇荣等编著的《世界贸易木材原色图鉴》；袁克、徐峰等编著的《进口木材国家标准样照》。鉴定依据的国家标准为：《木材鉴别方法通则》（GB/T 29894-2013）、《红木》（GB/T 18107-2017）、《中国主要进口木材名称》（GB/T 18513-2001）、《红木商用名称》（SB/T 10758-2012）、《红木制品等级》（SB/T 10759-2012）、《红木家具通用技术条件》（GB 28010-2011）等。

　　做家具质量鉴定与做红木木材的鉴定方法和程序均有所不同，做质量鉴定时还要对家具外观尺寸、翘曲度、位差度、平整度、用材和木工要求、涂饰要求、软体部件要求、漆膜涂层系列要求、力学性能要求等方面进行试验和检验。试验项目包括尺寸，形状、位置公差测量、外观感观检测、木材含水率、理化性能和力学性能试验等多个方面。

三、出具鉴定证书

　　规范的木种鉴定证书一般包括物品名称、规格数量、委托单位、鉴定项目、鉴定依据、鉴定方式和鉴定结果等几项，鉴定结果还包括木材的中文名、拉丁名和科属（种）名称。每个证书对应一个编号，每个编号对应一个鉴定对象（一件家具或一块木材），可以在相应的官网上查询。证书还需要加盖公章、鉴定标识（是否通过 CMA、CNAS 等认可）或有鉴定人、复查人和批准人的签名，才具有法律效应。值得一提的是，木材具有较大的变异性，无经验者容易使鉴定结果与实际相差甚远，给机构信誉造成不利影响，故鉴定木材存在较大风险，一定要慎之又慎。

中国林业科学院木材工业研究所木材构造与利用研究室及大部分鉴定机构的证书上只鉴定到木材的科属，个别鉴定机构鉴定到木材的种，中国证书上会写明仅对检验样品负责。鉴定周期为 5~15 天，鉴定费用千元上下。

⚠ 图 7-18 木材鉴定证书

第三节　红木家具常见的质量问题

一、木材干燥问题

全国各地区的空气平衡含水率、木材平衡含水率存在较大差异，因此对不同地区所销售产品的木材含水率的控制要求也就不尽相同。尽管部分大型企业引进了先进的干燥设备，但优质红木原料的减少、出材率的提升、多元化的木材干燥技术、仍是红木企业所面临的重要难题。囿于资源和能力限制，有的小企业对干燥环节不够重视，干燥窑结构简单，通常只能凭借从业人员自身经验或采用同一标准进行红木原料干燥，这无疑是其产品（尤其是销往北方的产品）质量的一大隐患。

面对红木干燥的问题，企业需要加强红木干燥工艺技术的学习和研究，可以与一些高校、科研单位交流；对小企业而言，可选择在原材料进口集散地集中干燥。统筹兼顾，协调发展才能更好地解决红木的干燥问题。消费者在选择红木家具时，也一定要注意其生产地，确保与家具使用地在同一平衡含水率范围，才能避免红木家具使用过程中出现收缩的开裂或变形等因木材干燥带来的问题。

二、制作工艺问题

第一个常见问题是偷工减料。一些商家尽管采用紫檀木、大红酸枝等珍贵红木制作家具，但只在家具表面使用好料，而家具结构部件中使用粘合的短小碎料，在家具的隐蔽处使用白皮或其他硬木，也没有采用传统的榫卯结构或仅部分连接处采用榫卯结构，而且用化学胶黏剂胶合起来或者铁钉连接，使用过程中非常容易出现结构被破坏的现象。

第二个常见问题是表面涂饰使用工业蜡。拉开此类红木家具的抽屉或柜门时，会有一股呛人的气味，这种现象是少数企业使用工业用的地板蜡而非蜂蜡；表面单面涂饰，这种工艺特点是省料、省工和降低成本，但表面单面涂饰会引起木料变形。因此，红木家具无论擦漆还是烫蜡，都应在板面两侧双面均衡涂饰。

△ 图 7-19　红木开裂

△ 图 7-20　红木家具榫卯粗制滥造

第三个常见问题是粗制滥造。如省略对机雕图案的修饰和打磨工艺。有些商家为节省成本、节省工艺，对机雕部件或图案不作修饰也不打磨，在擦漆前或烫蜡前先喷化学漆，尽管采用这种工艺可增加部件表面的光泽和光亮度，省工和降低成本，但该装饰工艺，不但不环保，还不利于保养和修复，家具使用一段时间后会出现起皮的现象。

三、木材造假问题

目前市场的此类问题主要有三种，其一是利用不规范名称中的模糊界限，例如将亚花梨如刺猬紫檀、非洲紫檀，模糊称为花梨木，打降香黄檀（俗称海南黄花梨）的擦边球；将微凹黄檀谎称为大红酸枝，打交趾黄檀的擦边球。其二是完全指鹿为马，例如将卢氏黑黄檀谎称为檀香紫檀或紫檀木。其三是采用拼补技术，使用名贵树种做表层、做不易造假的部位，而在内层、在不易发觉的部位使用普通树种材料，诱惑消费者，降低成本，牟取暴利。其四是利用外观相似或气味相近的非红木的木材冒充红木材质。如将香脂木豆充当缅甸花梨，将非洲可乐豆充当非洲酸枝木等。

△ 图 7-21　红木家具贴皮

表 7-2 常见红木学名俗名对应表

红木学名	红木俗名
檀香紫檀	紫檀木、小叶紫檀、金星紫檀
印度紫檀	蔷薇木、青龙木、花梨木
越柬紫檀	越南花梨、缅甸花梨
刺猬紫檀	非洲花梨木
大果紫檀	缅甸花梨、缅泰老花梨、东南亚花梨
囊状紫檀	印度花梨
降香黄檀	海南黄花梨（黎）、黄花梨（黎）、花梨（黎）、老花梨（黎）、花梨（黎）母、香红木、花榈、降香
东非黑黄檀	紫光檀
刀状黑黄檀	缅甸黑酸枝、缅甸黑檀
黑黄檀	黑檀、牛角木
阔叶黄檀	印度紫花梨、印尼黑酸枝
卢氏黑黄檀	黑酸枝
微凹黄檀	红酸枝、可可波罗、帕罗尼格罗
交趾黄檀	大红酸枝、老挝红酸枝、红枝、红木、老红木、海紫檀
巴里黄檀	花酸枝、紫酸枝、花枝、红酸枝
奥氏黄檀	白酸枝、缅甸酸枝、白枝、红酸枝
乌木	黑木
乌拉威西乌木	印尼黑檀
菲律宾乌木	台湾乌木
非洲崖豆木	非洲鸡翅木、黑鸡翅木
白花崖豆木	缅甸鸡翅木、鸡翅木
铁刀木	挨刀树、黑心木

第四节　红木家具的维护与保养

一、使用范围及环境

红木家具适用于室内环境，包括住宅、办公室、宾馆、高档商务场所、休闲区、高档会所等其他场所。红木制品使用环境条件：建议室内温度保持在 15 ～ 25℃、相对湿度保持在 55% ～ 75% 的环境中。在这种条件下，木材的胀缩性小，油漆耐久性高，家具尺寸稳定性好。北方地区干燥季节可盆栽绿色植物或依靠加湿器以增加湿度。

由于我国大部分红木家具制作企业都在南方，红木家具到了北方往往会因为温湿度的条件发生巨大变化而导致变形甚至开裂，为此，红木企业在制作过程中会根据客户所在地的湿度灵活调整木料烘干时的含水量（限于定制产品），或选择当地红木企业生产的红木家具；另外，在一些不影响家具结构的部位设置了一些伸缩缝，把家具因气候条件造成的变形程度降到最低。

二、日常养护

红木家具，因为其木性优异而受到大众的青睐，但即使如红木一般耐腐耐虫，也需要在日常生活中珍惜使用，妥善保养，才能让红木家具经久耐用，流传世代，实现其使用价值和收藏价值。人类养生要依照人的身体状况和脾气秉性，家具的保养也要顺应木性，这是家具日常保养的宗旨和理念。

（1）软毛除尘，干布擦拭。红木家具表面的灰尘需要用鹅毛刷或狐狸毛扫帚轻轻拂去（切忌用鸡毛掸子，容易刮伤家具表面），如有残留的污渍，需用软干布轻轻擦拭，不要沾水和其他化学清洁剂、酒精、汽油等。

（2）摆放平稳，距墙有隙。红木家具应放置平稳，若地面不平，需要将腿垫实，以保护其榫卯结构牢固不易松动；另外与墙壁要保持至少一厘米左右的距离，防止砖墙上的水气使家具受潮，破坏家具表面的涂饰层，影响家具使用。宜放置在相对比较固定的地方，以免移动时磕碰损坏。

（3）避免直射，恒温恒湿。红木家具不宜阳光直射，长期的紫外线辐射会使家具表面漆膜变色或者脱落，暴晒也会导致木材翘曲或者变形，因此应该摆放在阴凉通风处。红木家具的使用还需要保持适当的湿度和温度，理想的湿度在 55%±5% 左右，若天气比较干燥，可在旁边放盆水；使用红木家具的空间温差不宜过大，避免冬天挨着暖气摆放或者夏天冷气直吹。

（4）防硬防碰，防重防烫。红木家具在使用过程中要做到四个防止，防止硬物划伤，防止磕碰撞击，防止重物压力，防止高温烫伤，这需要日常生活中小心使用，细心对待，耐心养护，拥有惜物精神，才能让珍贵的红木家具保持完好无损、鲜亮如新。

▲ 图7-22　红木家具的日常养护
（红木玩家陈华平　供）

三、定期保养

有了日常养护，红木家具还要进行定期保养，就好像保护人的皮肤，需要每天的水乳精霜之外，还需要定期敷面膜一样。定期保养可以弥补日常养护的不足，及时发现使用问题，针对气候变化调整使用环境，并且利用一些专业的技术手段来深度保养红木家具，真正让红木家具能够常用常新，历经岁月也能光彩依旧。

1.四季保养

春季是红木家具保养最适宜的季节，是家具"上浆（包浆）"最好的季节，可以找专业的师傅上漆上蜡，进行一次充分的保养；夏季天气闷热潮湿，红木家具容易发霉，防潮很重要，要经常开空调排湿以减少木材吸湿膨胀，避免榫卯结构部位湿涨变形而开缝；秋季天高气爽，是家具保养的另一个好季节，保养方法和春季相似；冬季干燥，是红木家具的"鬼门关"，特别是使用暖气的北方，一定要注意保持室内的湿度，可以在家具旁放一盆水增加湿度。

2.上漆上蜡

因为南北气候的不同，红木家具表面处理的最后一道工序，有"南漆北蜡"之别。漆，即上漆，是利用生漆汁（含漆酚、水、有机物及漆酶等成分）中有效成分漆酚在漆酶催化作用下自然干燥成漆膜，适合南方潮湿的天气，可以在家具表面形成保护膜，避免潮气对家具造成腐

▲ 图 7-23　红木家具上漆上蜡保养

蚀或者氧化；蜡，即烫蜡，是将蜡液渗进木材组织内，填平棕眼和木纹缝隙，然后在木材表面上形成透明平整的蜡膜，北方天气干燥，烫蜡工艺可以木材水分不得流失，从而避免木材开裂。上漆家具需要每隔几年重新刷漆，烫蜡家具则要几个月打一遍蜡，并注重漆和蜡的品质，"漆必清漆，蜡必蜂蜡"，最好请专业人士来操作，如果想自己操作，详细的内容可参照第四章第三节。

3. 铜活保养

红木家具的铜活通常采用黄铜制成，黄铜是由铜和锌组成的合金，强度高、硬度大、耐化学腐蚀性强，不易生锈，使用一段时间会在表面生成一层氧化层，趋近于古铜色，古色盎然，和红木家具相得益彰。可以说铜活是红木家具的点睛之笔，其定期保养不容忽视。铜件拉手、合页、面叶、扭头可以用亮洁剂擦拭，这样可以增添铜件的亮度；铜活合页在长时间运动中可能会因为灰尘的粘附而降低性能，使用半年左右就应该给活动铜件部位上油以使其保持顺畅；需要特别注意的是，当铜活使用不畅时，不能用蛮力操作，应向家具售后服务专业人员咨询解决。

四、常见问题及维修

红木家具在使用过程中，因人为使用不当或者气候环境而出现各种损坏是在所难免的，遇到这些状况，应联系生产厂家，由厂家根据售后服务条款，指派专业人员维修，若无大碍，不会影响其鉴赏效果和使用功能。

1. 刮伤、烫伤、烧伤

这一类损坏属于"轻伤"，可以尝试着自己动手修复一下。

如果红木家具被刮伤，但未触及漆膜下的木质，可用棉布蘸少许熔化的蜡液，涂在漆膜擦伤处，覆盖伤痕，如此反复几次，就会消除刮痕。

如果红木家具的漆膜被灼烧留下焦痕，而未烧焦漆膜下的木质，可用一小块细纹硬布，包一根筷子头，轻轻擦抹灼烧痕迹，然后涂上一层薄蜡液，焦痕即可除去。

如果红木家具被高温的器皿在表面留下白色的圆疤，要及时的擦抹就会除去，如果烫痕过深，则须用普通的碘酒轻轻抹在上面，或在烫痕上涂一些凡士林，过两天后用软布擦拭，就可将烫痕除去。

以上的技术手段对于手法的轻重有一定的要求，因此，若没十足的把握，请不要自己动手；如果刮伤、烫伤、烧伤严重，已经触及木质，要联系专业的维修人士来处理。

2. 变形开裂

红木家具一般用料较大，在生产过程中，木材干燥可能无法完全均匀，又因我国地域辽阔，各地气候不同，温湿度相差很大，因此在使用一段时间后出现一定程度的胀缩、变形，甚至小的开裂，这是实体木材使用的正常现象，应及时联系售后处理。

一般针对轻微变形，可以用打磨机把变形处整理平整，再用砂纸打磨然后上蜡；重度变形则需要用水喷湿，用热风枪加热变形处，然后固定一块平直的木头，让变形处随着固定板变直；如果变形严重，修复效果不明显，需要将整个修复程序重复 3～4 次。

针对细微开裂，可以持续 7 天用清水滴入裂缝内，利用木材的干缩湿胀特性，使裂缝遇水湿胀，然后上漆或上蜡，先薄涂后磨光，重复四次即可；小裂或者中裂可用锉刀在红木家具的隐蔽处锉一些木屑填入裂缝内，然后灌入皮胶（一种动物皮制成的胶水）或者其他胶水，干燥

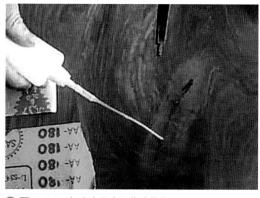

▲ 图 7-24 红木家具表面伤痕修复

▲ 图 7-25 红木家具变形修复

后用砂纸磨光再上漆或上蜡；中裂、大开裂则需要寻找颜色纹理相近的木条来修复。

变形和开裂的修复需要利用专业的工具和技术手段，一般难以自行修复，请不要轻易下手尝试，容易对红木家具造成二次伤害，需要及时联系专业的修复人员。

3. 构件松动、脱落或损坏

这一类情况可大可小，遇到时不要使用蛮力将其固定回原处，切忌使用 502 胶水粘合（这类胶水是含有腐蚀性的，不但不能连接好家具，而且还会二次伤害家具），而是应该用绳线将有问题的部分捆绑在一起，以防丢失，等待专业人士来上门维修。

松动或脱落可能是由于榫头与卯眼的间距增大，或者是榫头出现了破损，有加楔、加漆灰以及加胶三种处理方式。加楔即加楔钉榫，在松动的部位另加楔钉榫加固；加漆灰，是指将生漆调拌成漆灰，再将榫头卯眼清理干净，用牛角铲在榫头眼周围刮上漆灰，即可进行拼装；加胶，是指在松动处加鱼鳔胶或乳胶，再进行组合干燥。

损坏的构件需要保留好，及时与厂家联系，根据损坏部分匹配材质相同，颜色、纹理相近的构件，与原家具接合。每一个部件都是独一无二的，要想找一个原样的部件几乎不可能，所以要降低心理预期，接受不完美。

红木家具的陈设与搭配

整体色彩协调

空间合理摆放

格调相得益彰

搭配繁简有序

要端正心态

具要多学多看多问

第八章

红木家具——收藏与陈设

花梨木三件套芙蓉宝座（吉利红木 供）

第一节　红木家具的收藏价值

一、文化价值

红木是一个非常"中国"的概念，在树种的分类中，没有一种或者一类的树被称为红木，只有变成家具后，才能被称为红木，它本身就是一个文化概念。红木最早出现在"老红木"这个名词中，在古代专指大红酸枝；2000年《红木》国家标准的出台，让"红木"这个词有了更广阔的内涵和更重要的分量——由专指一种材料，变成了33种材料的统称；2017年底，又出台了《红木》新国标，变为了29种木材。以"红木"定名，一是大多数木材本身发红，二是红代表了中国人对吉祥的寄托。

家具作为社会物质文明与精神文明的重要组成部分，是一定时期的哲学思想、美学水平、民俗风情等方面的物化表现。红木家具在中国拥有着四五百年的历史，其用材名贵，做工精

🔺 图 8-1　清式扶手椅

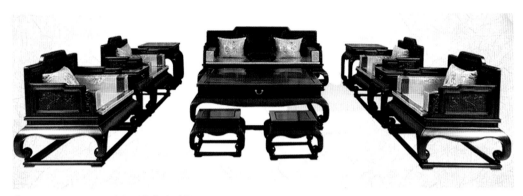

▲ 图 8-2 至尊明珠沙发（御乾堂 供）

致，气韵优雅，是中国家具的集大成者。没有哪一个国家像中国这样，运用紫檀、黄花梨、大红酸枝这些不易加工的贵重木材做家具，并且做到了登峰造极、出神入化之境界。除了能工巧匠的精雕细琢，无数的文人墨客、帝王将相都参与到红木家具的设计、制作与研究中，其审美风范和器用功能都透着中国传统文人风范的风格韵味，散发着浓浓的文化味道。

曾经，红木家具是皇宫贵族专享的器物，是尊贵与财富的象征；如今，随着人们生活水平的提高，红木家具已走入寻常百姓家，甚至畅销海外。红木家具就像一张中国文化的名片，蕴含着中国传统文化的精髓，凝聚着中国人千年的智慧哲思，体现着中华民族的精神气质，收藏红木家具，说到底就是在收藏文化。

二、艺术价值

红木家具是中国传统手工艺发展至顶峰的一个代表，珍贵的红木木材经由能工巧匠之手，化身"型材艺韵"兼备的红木家具，这不仅是制作物化的过程，更是艺术创造的过程，体现了匠人的美学修养、艺术功底和技术水平等综合素质。从这个意义上讲，红木家具的创作价值与书法、绘画等艺术门类的创作价值在观念上是相通的。

红木家具的艺术价值首先体现在它的"美"。美在外显于秀：色泽莹润，纹理精致，造型优雅，线条凝练；更美在内敛于韵：阴阳相生，方圆相映，动静和谐，天人合一。不管是苏作风格的清雅隽秀，京作风格的雄浑厚重，广作风格的繁复旖旎，都诠释着特定地域和时代的审美风貌。新中式风格的红木家具则体现在原创设计之美，古今交融之美，个性独特之美。

红木家具的艺术价值其次体现在"精"。一件红木家具从原材料到成品，需要几十道程序，工艺之精，令人叹为观止。好的红木家具一定是选材、设计、制作、装饰等每一环节都精益求精的典范之作，其工艺往往是"加一分则多，减一分则少"。

红木家具的艺术价值最后体现在"稀"。红木的稀缺性，巧工良匠的可遇不可求，优秀设计的缺少都造就了红木家具的珍稀属性。

三、使用价值

红木家具，即使再名贵，再精美，也从属于家具这一范畴，第一功能便是使用。红木家具可以应用在家居、办公、商业等多种类型的空间，具有耐用、好用、越用越好等特点。

红木家具因为其优异的木材材性，可以保持几百年不腐不蠹；因其榫卯结构的科学合理，可以传世几代不松不散；又因其风格设计的经典，可以任何时代都不过时，可以说红木家具是最耐用的一类家具。

木材是人类最亲近的一种材料，红木更是在质地、触感、视觉、环保上比起其他木材更胜一筹，从使用体验上来讲表现优异，许多红木还有药用价值，其香气可以起到保健作用。红木家具的造型、尺度、比例也注重人体工程学，功能合理，舒适养生，坐卧皆宜。这些都是红木家具好用的具体体现。

红木家具不会因为使用而贬值，反而会越用越美，越用越值钱。红木家具在人们的把玩、

▲ 图 8-4 黄花梨电视柜

◀ 图 8-3 黄花梨百宝嵌方角柜

擦拭、使用频繁中，木材表面通过空气氧化而形成一层油脂保护膜，通俗称为"包浆"，看起来明亮光滑，典雅贵气，在灯光之下璀璨夺目，在颜值和价值上都更加增色。

四、投资价值

俗话说"十年树木，百年树人"，红木的生长尤其缓慢，成材需要几百上千年，因此一定程度上可谓是不可再生资源。而众所周知，中国的红木原料绝大部分依靠进口，近些年，多国相继出台红木出口禁令，让红木成为了极其稀有的资源，价格一路看涨，好的红木在市场上更是"以金换木、一木万金"。

红木家具需要手工打造，耗时耗力，更要求师傅工艺纯熟，这没有十几年的功夫是达不到的，随着手工工

▲ 图8-5　紫檀嵌瓷片扶手椅

价的不断上涨，红木家具的价值也一定会上涨。红木家具虽然经久耐用，但也属于消耗品，使用不当，保养不善，丢失损坏都会让留存在世的红木家具愈来愈少，其中品相良好、工艺精美、材质珍贵的红木家具会少之甚少，稀缺性决定了红木家具能够保值升值。

此外，红木家具的文化价值、艺术价值和使用价值也在无形中提升了它的投资价值。

▲ 图8-6　麒麟八宝罗汉床（御乾堂　供）

第二节　红木家具的收藏要点

一、要看"型、材、艺、韵"

想要收藏红木家具，首先要清楚：消费和收藏是两个不同的概念。消费红木家具可以在保真保质的基础上量力而为、丰俭由人；收藏红木家具就要有一定的门槛，并不是所有的红木家具都值得收藏，只有"型、材、艺、韵"都达到一定水准的红木家具，才能被列入收藏品的范围。

"型"是指家具的外观造型，除了要考察基本的器型、款式是否正宗，更要看细节上的处理，具体考察指标有：整体比例是否相称、上中下比例是否对称、用料大小是否合理、侧方前后是否标准、大小尺寸是否协调、各部件高矮粗细比是否合理、纹饰是否与家具的整体框架和谐统一、整体疏密曲直的形式节奏是否到位等。

"材"是指家具的选材用材，值得收藏的红木家具材质首先要保真，鉴定方法在第二章第

🔺 图8-7　花梨木三件套芙蓉宝座（吉利红木 供）

🔺 图 8-8　风泉条案（荣鼎轩 供）

二节和第七章第二节都有具体的论述，在此不加赘述；其次要料足，无边材（白皮）、无拼料、无补料、无贴料，选好料，用足料；最后，能够进入收藏级别的红木家具大多为檀香紫檀、降香黄檀、交趾黄檀制作，少数为大果紫檀、鸡翅木、条纹乌木，其他红木木材一般不具有收藏价值。

　　"艺"是指家具的工艺水平，值得收藏的红木家具既要"工"精，又要"艺"美。这就要求红木家具是纯手工制作，工匠们既有纯熟的技术和精湛的手法，又要有较高的艺术修养和审美水平。

　　"韵"是指家具的风格神韵，是家具制作的最高追求，也决定着家具的独特艺术价值。韵是和型、材、艺联系在一起的一种形而上的境界，需要以上三点都做到精益求精、分毫不差，才能达到形神兼备的韵味美。真正的神韵，在于意会，在于感悟。要判别家具有没有神韵，最简单可行的办法就是尊重自己的内心感受：第一眼——它美不美？

二、要理性判断市场

　　红木家具市场受到国家整体经济形势、房地产市场、股票市场、原木出口政策等多种因素影响，有涨有落是正常现象，目前已经经历了 2007~2013 年的疯涨期，2014~2016 年的低迷期，进入了较为平稳的阶段。收藏红木家具是为了使用、欣赏和投资，一定要理性判断市场，切勿盲目跟风。

　　目前，国内红木市场本身就存在营销渠道单一、品牌溢价较高的问题，说到底还是卖材料为主、谈工艺为辅。但是，从目前红木产地国的政策来看，还不能判断未来市场上就没有红木可以进口了。如果将其当成一种即将枯竭的"资源"来炒作，风险还是不小的。

此外，红木家具归根到底是一种耐用生活应用器具，并不是市场上的硬通货，无法像黄金、玉器、宝石一样快速变现。所以收藏要量力而行，虽说值得收藏的红木家具有一定的门槛，价格不会太便宜，但收藏的预算也不要超出自己的经济承受能力，最好有闲置的资金用来收藏红木家具。

很多商家在售卖红木家具的时候会承诺"回购"，但不可轻易相信，也许几年之后想找商家回收，却发现已经关门了。商家回购家具只存在于一种情况，即你当时购买的价格低于现在这个家具的生产价格，如果你的入货价高于现在的生产成本，商家是不会回购的。

三、要多学多看多问

选购要货比三家，寻求最高的性价比；收藏要多学多看多问，潜心其中体会乐趣。收藏红木家具一定有一些基础知识，知真假，懂文化，会鉴赏，这些都需要不断的学习和一定的实践经验。

🔺 图 8-9　红酸枝木三组合顶箱书柜（吉利红木　供）

可以多阅读有关红木家具的专业书籍，比如王世襄、朱家溍、胡德生、张德祥等专家的著作；多关注红木家具的新闻、报道，现在不光有电视、杂志等媒介，新媒体的迅速发展让资讯获得更加快速便捷，如微信公众号、今日头条、一点资讯等；多参加专家大师的讲座，多去博物馆观看展品，多咨询经验丰富人士；还要亲自去红木家具商场、展会多参观多感受。如此一来，就会不仅收获了知识、财富，更收获了乐趣、体验。

四、要端正心态

关于收藏的心态，明清家具专家张德祥先生曾有一段精彩的论述："收藏者要端正心态，纯为增值而收藏无可厚非，但难成大家。价格一变，你的心里就发慌。而且，缺乏爱，就产生不了对美的追求和理解。你老觉得墙边摞着一摞钱，可别砸在自己手里，也就谈不上乐趣了。收藏家的成功在于他的爱和痴，这是超越价格的一种价值。真正的收藏家应是永远心如止水，'打了眼'不言，吸取教训；即使'捡了漏'，也不会忘乎所以。"

收藏是以时间交换空间，不是今天买了明天就能涨，需要一定时间的沉淀，不可急功近利。收藏不等同于投资，想要规避投资的风险，收藏红木家具还要看眼缘，要收藏自己真正喜爱的红木家具，而不是只考虑升值空间，这样才能在市场跌跌涨涨的时候，沉得住气，稳得住心。收藏要切忌"捡漏"的心态，不能轻信商家宣传，贪图便宜乱买。

🔺 图 8-10　古典卷书搭脑沙发（荣鼎轩　供）

第三节　红木家具的陈设与搭配

一、整体色彩协调

在一个空间内，红木家具要与背景色、灯光、软装、其他家具的颜色相协调。因为红木家具整体色调都比较深沉，以暖色调为主，所以空间的背景色不宜太浓厚，否则两两搭配会显得沉重昏暗，给人以压迫感，应该以素雅清淡的颜色为主，如白色、米色、浅灰色。灯光以暖色调的黄光为首选，会恰如其分地展现红木家具温润的质感和亮丽的色泽，冷白的灯光会使得家具颜色暗淡，失去光泽。

⬤ 图 8-11　色彩协调的红木家具搭配

软装和其他家具的选择要与红木家具的色相色调相协调，以低饱和度、低明度的颜色为优，太过明艳、扎眼的颜色会破坏整体的和谐性，显得不耐看、没品位；颜色也应该简洁统一，不宜过多过杂，会显得花里胡哨。

二、空间合理摆放

家具与空间合适的比例关系是非常重要的，家具的尺寸太大，空间会显得拥挤，尺寸太小，空间又显得空旷。明式红木家具造型简洁、秀丽、淳朴、强调流畅的线条，文人特征比较明显，可放卧室及书房，强调雅致、温馨之感；清式红木家具则用材厚重，家具体型、尺寸较宽大，比较适合摆放客厅或者餐厅，给人一种大气沉稳的感觉；新中式红木家具要看具体的体积和风格来陈设。

红木家具的搭配，不一定都做到"大而全"，其实几款红木家具小件也能作为家中的"点睛之笔"。最常见的是在玄关处点缀性地放一只条案，上面放一两件古董，或者摆放一把中式的圈椅或禅椅都是不错的选择。从局部开始，是布置中式家具的基本运用原则，这样布置，不仅让空间显出人文气息，而且还会显得很有品位。

▲ 图 8-12　红木家具布置的玄关

▲ 图 8-13　全套红木家具布置的餐厅（御乾堂 供）

⬆ 图8-14　传统红木家具与现代家具混搭

三、格调相得益彰

红木家具一般分为古典风格和新中式风格，可以与全套的中式家具搭配，显得统一和谐，大气沉稳；也可以和现代、欧式等家居风格搭配，既可以古今混搭、中西混搭，又可以繁简混搭。只要搭配得当，一样可以"混"出精彩。

除了家具，红木家具还可以和不同材质相互混搭，产生或统一或对比的视觉效果，给居住者带来新奇的居家体验。比如，红木家具和皮革、金属、陶瓷、亚克力等都可以混搭使用，会有新颖时尚的感觉。

四、搭配繁简有序

红木家具通常给人以老气沉重的印象，可以通过色彩、形状、摆放的位置，对整个家居进行点缀，让整个氛围变得更加有生机。可以采用绿植、字画、灯饰、屏风、隔断、瓷器、文房四宝、茶具等雅器与红木家具搭配，营造出一种典雅闲适的氛围。

书画：红木家具的设计与书画有着千丝万缕的联系，尤其明式家具，更是将家具中的那股文人气质，发挥到了一个高峰。儒雅沉静的主人，在古色书房中，独自欣赏临摹一张名人书画，体验艺术乐趣。因为书画的陪伴，红木家具的文气更加生动。

△ 图 8-15 红木家具与书画搭配

△ 图 8-16 红木家具与摆件搭配

摆件：红木摆件小巧精美，风格雅致，是古典红木家具的点睛装饰，集实用、观赏、保值于一体。不同造型的红木摆件分别具有不一样的寓意，有保平安的、有招财的等。在搭配中，红木摆件应根据场合、位置的不同而区别对待。也要注意同类摆件不宜过多，同一种名称的摆件不宜摆放两个以上。

花：木与花，实在堪称最好的搭配，同生同源，让它们天生就有一种和谐之感，加之红木主厚重沉静，鲜花主轻盈灵动，有了红木的衬托，鲜花变得更加显耀，红木变得富有生机。二者的配合，为家中平添了无数的活力和自然气息，实在赏心悦目。

瓷器：红木家具古朴、端庄，用瓷器装点可以起到调剂色彩的作用，弥补红木家具色调单一的不足。当然也要注意，瓷器不可摆放过多，过多有两个坏处：一是喧宾夺主，二是凌乱不堪。紫檀配素雅青花，厚重雕件家具配粉彩，黄花梨配香炉、黑釉插花都是不错的选择。

织物：红木家具一向给人感觉比较冷硬，可以在保持传统红木家具古典文化韵味的同时，搭配针织品，如在上面摆放一些做工精美的坐垫、靠枕等，或者和布艺沙发混搭，中和红木家具的硬朗感。

△ 图 8-17　红木家具与绿植、瓷器搭配（羽珀家居　供）

△ 图 8-18　红木家具与织物搭配（羽珀家居　供）

附录

说明：附录 2~5 的内容为自荐和网上搜集整理综合而成，地址和电话信息可能有误，仅作为读者了解参考之用。

附录1 常见红木冒充材一览表

红木类	红木冒充木材		
	中文学名	混淆名	区别要点
紫檀木类 （檀香紫檀）	卢氏黑黄檀	大叶紫檀、海岛性紫檀	浸水无荧光反应； 木屑浸泡酒精喷出紫红色烟雾
	染料紫檀	血檀、非洲紫檀	网状纹路；同体积重量小
	交趾黄檀	老红木	气干材浮水；带酸香味
	桉木	澳洲血檀	木料粗大；新切面久放不变紫黑
	胶漆树	尼泊尔紫檀	浸水无荧光反应； 气干材浮水；无波痕
	小叶红豆	紫檀（广西）	新切面粉红色；料质粗糙
	桉木	澳洲血檀	木料粗大；放久木材不变紫黑；浸水无荧光反应
	印度紫檀		颜色偏深红到红褐色；无金星；心材常带深色条纹
	南美蚁木	南美紫檀、巴西紫檀	材色橄榄色至浅褐色
花梨木类	安哥拉紫檀	高棉花梨	香气微弱；气干材密度小
	非洲花梨	红花梨、印度花梨	
	缅茄	红木（东南亚）	无花梨木类的香气
	甘巴豆	南洋红木	
	大甘巴豆		
	古苏夷木	巴西花梨	
	木荚豆	缅甸花梨、泰国红花梨	
	缅红漆		
	胶漆树		
香枝木类 （降香黄檀）	海南黄檀	花梨公	心边材无区别；无香气
	刺猬紫檀	非洲黄花梨	为花梨木类香气，无辛香
	安氏紫檀	非洲黄花梨	气味难闻；气干材密度低
	越南香枝木	越南黄花梨	纹理粗；油性小；颜色浅（较难辨别）
	黄连木		无香气；环孔材

红木类	红木冒充木材		
	中文学名	混淆名	区别要点
黑酸枝木类	巴里黄檀（煮染）	花枝木	颜色生硬
	奥氏黄檀（煮染）	白酸枝	颜色生硬
	毛榄仁树	高棉黑酸枝、柬埔寨黑酸枝	无香气；波痕未见
	相思树		
红酸枝木类	铁木豆	非洲红酸枝	无香气
	胶漆树	小红木	颜色偏红黄；无香气
	红酸枝类中的交趾黄檀是正宗的大红酸枝，比起同类其他种红酸枝木价格高出很多，常见巴里黄檀、微凹黄檀等冒充交趾黄檀		油性小；黑色条纹且细
乌木类	风车木	黑檀	肉眼可见管孔较大；木射线含白色结晶
	阴沉木，久埋于地下未腐朽的多种木材的集合名称	乌木	木材炭化；有其他颜色
	东非黑黄檀		湿材有酸臭味
条纹乌木类	紫油木	昆明乌木	有上色
	其他木种描条纹		外观作假手段较明显
鸡翅木类	毛榄仁树	越南鸡翅木	几乎无鸡翅状纹理
	紫双龙瓣豆	黑鸡翅	射线组织2型3型(鸡翅木为同形)
	大膜瓣豆	白鸡翅	颜色较浅；气干材密度低
	甘兰豆	南美红鸡翅	颜色偏红
	黄苹婆		气味难闻；心边材区别不明显

附录 2　红木 / 红木家具鉴定机构一览表

序号	机构名称	地址	联系电话
1	中国林科院木材所	北京市海淀区万寿山后中国林科院内	010-62889410
2	南京林业大学木材科学研究中心	江苏南京市龙蟠 159 号	025-85428507
3	中国东盟红木制品质量监督检测中心	南宁市安吉大道大商汇东盟国际红木城 B5 栋 107~108 号中国红木委桂作文化研究会精品馆	4000303169
4	国家林业局林产品质量检验检测中心（杭州）	杭州市西湖区留和路 399 号	0571-87798191
5	国家林业局林产品质量检验检测中心（郑州）	郑州市金水区林科路	0371-63391900
6	国家林业局林产品质量检验检测中心（上海）	上海木工所	
7	国家林业局林产品质量检验检测中心（北京）	北京市海淀区万寿山后中国林科院内	010-62889410
8	国家林业局林产品质量检验检测中心（南宁）	广西南宁市邕武路 23 号广西林科院	0771-2319935
9	国家林业局林产品质量检验检测中心（西安）	陕西省西安市莲湖区西关正街 223 号	
10	国家林业局林产品质量检验检测中心（南昌）	江西省南昌经济技术开发区枫林西大街 1629 号	0791-83833728
11	国家林业局林产品质量检验检测中心（长春）	吉林省长春市临河街 3528 号	0431-85850443
12	国家林业局林产品质量检验检测中心（徐州）	兴国路国家木制家具及人造板质量监督检验中心附近	0516-86222443
13	国家材种鉴定与木材检疫重点实验室（张家港出入境检验检疫局木材重点实验室）	张家港市人民中路 59 号 521 室	0512-56302770
14	国家木材与木制品性能质量监督检验中心	北京市通州区马驹桥镇环科中路 17 号西区 22A	010-59771857
15	中国红木委红木与红木制品检测中心	国务院国有资产监督管理委员会月坛办公区（北京市西城区月坛北街 25 号）	010-68392497、68392437
16	浙江省木雕红木家具产品质量检验中心	东阳市世贸大道 188 号	13868936761
17	浙江省林产品质量检测站	杭州市西湖区留和路 399 号（310023）	0571-87798190
18	广东省质量监督林产品检验站	广州市天河区龙洞广汕一路 233 号	020-37265873
19	广西林产品质量检验检测中心	广西南宁市邕武路 23 号广西林科院	0771-2319935

（续）

序号	机构名称	地址	联系电话
20	湖南省林产品质量检验检测中心	湖南省长沙市雨花区梓园路 356 号	0731-85593168
21	安徽省林产品质量监督检验站	长江西路 130 号安徽农业大学林学楼	0551-65786130
22	绥芬河木材检疫和监测检测重点实验室	绥芬河长江路 13 号	0453-3938300
23	莆田国家林木检验检疫重点实验室	福州市湖东路 312 号	0591-87879003 87065000
24	临沂国家木制品及家具检测重点实验室	临沂市河东区凤凰大道西段	0539-8097801
25	徐州国家木制品和家具检测重点实验室	徐州市西安南路 130 号	0516-85695859
26	昆山国家木制品与家具产品检测重点实验室	江苏省昆山市新南东路 318 号	0512-57310065
27	北京林业大学	北京市海淀区清华东路 35 号	010-62338279
28	中南林业科技大学	湖南省长沙市韶山南路 498 号	0731-85623096
29	西南林业大学	昆明市盘龙区白龙寺 300 号	0871-63863380
30	西北农林科技大学	陕西省咸阳市杨凌示范区西农路 22 号	029-87080114
31	广西大学林产品质量检测中心	广西南宁市大学东路 100 号东校园广西大学林学院	0771-3270883、3237956
32	河南林业司法鉴定中心	郑州市花园北路 81 号	0371-65698181
33	辽宁省林业科学研究院林业司法鉴定中心	沈阳市皇姑区崇山东路鸭绿江街 12 号	024-82241814
34	贵州省林业科学研究院司法鉴定中心	贵阳市富源南路 382 号	0851-83923740
35	四川楠山林业司法鉴定中心	成都市金牛区人民北路一段 15 号省林业厅司法鉴定中心三楼	028-83231768
36	江西林业司法鉴定中心	南昌市北京西路省府大院南一路 1 号	0791-86250896
37	江西鹰潭司法鉴定中心	江西省鹰潭市月湖区交通路 1 号	0701-6227577
38	福建智立司法鉴定所	福建省福州市鼓楼区五一北路 39 号福建省林业勘察设计院 402、406	13400570823
39	新乡绿剑林业司法鉴定所	西环路 15 号附近	13937325844
40	河北林业司法鉴定中心	保定 莲池区 乐凯南大街 2596 号	
41	抚顺辽东林业司法鉴定所	辽宁省抚顺市顺城区高山路 92-5 号	024-57893456
42	临沧市林业司法鉴定中心	云南省临沧市临翔区世纪路 585 号	0883-2161511
43	新疆农林业司法鉴定所	中国 新疆 乌鲁木齐市 乌鲁木齐扬子江路 52 号商业银行科技大厦九楼	0991-4508818
44	习水县兴林林业司法鉴定	贵州省遵义市习水县东皇镇府东路 61 号	18985685289、13765987186
45	湖南融城司法鉴定中心	湖南省湘潭市书院路 100 号	0731-52633281

附录 3　红木 / 红木家具相关协会组织一览表

	协会名称	级别	地址	联系电话
国家级	中国家具协会 传统家具专业委员会	国家级	北京市朝阳区百子湾路 16 号百子园 5 号楼 C 座 1203 室	010-87766795
	中国林产工业协会 红木分会	国家级	北京市海淀区万寿山后中国林科院内	010-62889464
	中国林产工业协会 中式家具专业委员会	国家级	北京市西城区刘海胡同 7 号	010-83143572
	全联民间文物艺术品商会 艺术红木家具专业委员会	国家级	北京东三环华威南路弘钰博艺术品市场四楼 448 号	158020540326
	中国木材与木制品流通协会 红木流通专业委员会	国家级	国务院国有资产监督管理委员会月坛办公区（北京市西城区月坛北街 25 号）	010-68392497、68392437
	中华文化促进会 木作文化工作委员会	国家级	北京市丰台区成寿寺 158 号办公楼 4 层	010-87682152
	中国收藏家协会 古典家具收藏委员会	国家级	北京市朝阳区朝阳公园南路 19 号郡王府内敦煌艺术馆	010-84027307、64012635
	中国—东盟红木及家具 行业合作委员会	国家级	北京市朝阳区东四环中路 82 号，金长安大厦 A 座 503	010-64664339、010-64632564
浙江省	浙江省红木产业协会	省级	浙江省东阳市横店昌盛路 65 号	0579-86557899
	浙江省红木研究会	省级		
	东阳市红木家具行业协会	市级	东阳市艺海北路 308 号 3 楼	0579-86327886
江苏省	江苏省家具行业协会 红木家具专业委员会	省级	南京市汉中路 8 号金轮国际广场 1019 室	025-83202453、83202415、83202448
	南通市红木家具协会	市级	南通市钟秀中路 128 号淘宝城 6 楼	0513-86152999
	靖江市红木家具协会	市级	江苏省靖江市江平路天成国际商务中心 15C	0523-84612315
	常熟市海虞苏作红木家具商会	市级	常熟市海虞镇府前路政府大楼 12 楼	0512-52717388
	常熟市红木家具制品行业协会	市级	江苏省苏州市常熟市珠江路 176 号	
	泰州市红木家具行业协会	市级	泰州市海陵区工业园区兴业路 100 号	0523-86688988
河北省	河北省红木古典艺术家具协会	省级	河北省大城县南赵扶镇	0316-5655127
	大城县古典家具协会	县级		
	青县古典家具协会	县级		
	保定市红木家具协会	市级	保定市莲池区瑞祥大街 713 号	18606435773
	涞水县古典艺术家具协会	县级	河北省保定市涞水县拱辰街北二环	0312-4537999

（续）

	协会名称	级别	地址	联系电话
广东省	广东省红木文化协会	省级	广州市越秀区东风东路 754 号之九 701 房	020-83849409
	广东省红木商会	省级		13500068201
	中山市红木家具行业协会	市级	中山市大涌镇悦新路 3 号三楼	0760-87732998
	深圳市红木文化艺术业协会	市级	深圳市龙华区观澜街道大水田裕新路	0755-29180128
	五华红木家具协会	县级	广东省梅州市五华县经济开发区进城大道	0753-4218888
	深圳市宝安区红木家具行业协会	市级		
福建省	福建省古典工艺家具协会	省级	福建省福州市五一北路 31 号	0591-87537186
	福建省红木工艺品协会	省级		
广西壮族自治区	广西红木家具协会	省级	广西壮族自治区南宁市西乡塘区安吉高新大道和美空间附近	
	凭祥红木行业工会联合会	市级		
云南省	瑞丽红木家具行业协会	市级	北京市朝阳区百子湾路 16 号百子园 5 号楼 C 座 1203 室	010-87766795
山东省	山东省家具协会红木家具专业委员会	省级	山东省济南市市中区英雄山路 129 号祥泰广场 1 号楼 33 层	0531-82975121、82975125
	临沂市红木家具协会	市级	临沂市书圣文化城 5-127 号	0539-5329005
北京	北京紫檀文化基金会	省级		
上海	上海市家具行业协会红木家具专业委员会	省级	上海市黄浦区盛泽路 8 号（宁东大厦） 13 楼 C 座	021-63737133
湖北省	湖北省红木家具协会	省级		
重庆市	重庆家具行业协会红木家具分会	省级	重庆渝中文化街 113 号	023-63841025

附录 4　红木家具博览会／展会一览表

序号	名称	地址	主办机构
1	中国（北京）红木古典家具博览会	北京全国农业展览馆	中国古典家具协会
2	中国杭州红木古典家具精品博览会	浙江省杭州和平国际展览中心	国家林业局林业产业办公室、浙江省林业厅指导，中国林产工业协会、浙江省红木研究会、杭州日报报业集团联合主办
3	中国（中山）红木家具文化博览会	广东省中山市大涌红木文化博览城	中国林业产业联合会、中国家具协会、中国林产工业协会、中山市人民政府联合主办
4	中国—东盟博览会林产品及木制品展	广西南宁市青秀区金浦路 33 号北部湾港务大厦 15—17 楼	广西壮族自治区人民政府、国家林业局共同主办
5	中国（国际）深圳红木艺术暨中式生活博览会	深圳市福田中心区福华三路深圳会展中心	工业和信息化部工业文化发展中心、中国工艺美术学会、中国国际贸易促进委员会深圳市委员会、深圳市文体旅游局
6	中国（东阳）木雕·红木家具交易博览会	浙江东阳中国木雕城	中国林产工业协会、东阳市人民政府主办
7	苏作红木精品博览会	常熟国际展览中心	常熟市人民政府
8	粤东红木文化博览会	五华红木文化产业园	五华红木文化产业园与百家知名红木厂企联合举办
9	中国（仙游）红木家具精品博览会	1 个主会场（中国古典工艺博览城）和 3 个分会场（三福艺术馆、海峡艺雕旅游城、鲁艺红木园）	中国科学院、莆田市人民政府、中国家具协会、中国工艺美术协会等单位主办
10	中国·廊坊红木古典家具博览会	廊坊国际展览馆	廊坊国际展览集团有限公司
11	中国上海古典红木家具精品展览会	上海展览中心（延安中路 1000 号）	上海瑞欧展览服务有限公司

附录 5　红木家具博物馆一览表

序号	名称	地址	电话
1	中国紫檀博物馆	北京市朝阳区建国路 23 号	010-85752818、010-85752820
2	浙江艺术紫檀博物馆	浙江省东阳市昌盛路 65 号	4000567988
3	上海木文化博物馆	上海市沪太路 2695 号	021-56652661
4	上海红木艺术博物馆	上海市浦东新区万祥镇	
5	河北省遵化市旺年鸿红木文化博物馆	河北省遵化市西留村乡后铺村	15830501666
6	国投实创红木藏品馆	北京城外诚红木馆 5 层	
7	古艺家具木雕博物馆	浙江省东阳市花园村西田小区兴平路东 2 号	0579-86282389
8	深圳红木家具博物馆	广东省深圳市龙华区裕新路 286 号	13410115081
9	洛阳古典红木家具博物馆	洛阳市洛龙区白马寺陈村	0379-60861066
10	中国神牛红木艺术博物馆	江苏句容洪武路 19 号	0511-87262638
11	茅山红木艺术馆	江苏省镇江市句容市茅墓路	
12	大旸艺术馆	浙江省宁波市象山县丹东街道经济开发区白鹤路 218 号	0574-65781386
13	美联红木艺术博物馆	龙华新区观澜观兰牛湖裕新路口观天路 330 号	0755-23211626
14	国寿红木博物馆	广东省东莞市	4001112628
15	徐福红木博物馆	慈溪市湖滨北路工业开发区 26 号	13906749209
16	（广州）九藏紫檀馆	黄埔大道西 668 跑马场马会酒店首层	13533486660

浙江省木雕红木家具产品质量检验中心

国家木雕及红木制品质量监督检验中心（筹）

本中心是经国家质量监督检验检疫总局和浙江省质量技术监督局批准建立的专业从事木雕及红木制品质量检验的检验检测公共技术服务平台。

中心现有专业技术人员 16 人，其中高级工程师 1 人，工程师 5 人，硕士研究生 10 人。配备德国 DISCOVERY V20 蔡司体视显微镜、SCOPE A1 徕卡正置生物显微镜、美国安捷伦 1260 液相色谱仪、安捷伦 AA55+240ZAA 原子吸收分光光度计、安捷伦 7890A／5975C 气相质谱联用仪、德国 H&P 家具力学试验机、美国 Q-Lab 日晒色牢度试验箱等价值 1000 多万元的先进仪器设备。

中心设有材种鉴别、家具及原辅材料检测、有毒有害分析等检验室。检测能力涵盖红木家具、深色名贵硬木家具、材种鉴别、力学性能、有毒有害限量、建材放射性元素、纺织品安全等 34 项 115 个参数。

中心承担政府行政监管部门的监督抽查任务，并作为第三方检测机构接受企业和相关部门的委托检验。中心一贯坚持"科学、公正、准确、高效"的质量方针，竭诚为社会各界提供优质高效的服务。

地址：浙江省东阳市世贸大道 188 号
邮编：322100
电话：0579-86520233、86523211
传真：0579-86520233

Address:188 Shimao Avenue,Dongyang,Zhejiang
P.C:322100
Tel:0579-86520233、86523211
Fax:0579-86520233

匠心素朴 传承百年

荣鼎轩

400-0579-133
东阳市荣鼎轩红木家具有限公司
浙江省东阳市江北街道湖莲西街57号

专业生产 **大红酸枝** 精品家具

浙江省著名商标、浙江名牌产品、浙江省知名商号
东阳市木雕红木家具龙头骨干企业、市长质量奖、市长科技创新奖

御乾堂®

御乾堂红木董事长
中国红木经营管理大师 **马海军**
中国国家高级工艺美术师

御乾堂红木首席顾问
亚太地区手工艺大师 **冯文土**
中国工艺美术大师

东阳市御乾堂宫廷红木家具有限公司座落于闻名中外的"世界木雕红木之都"——浙江东阳。是一家集研发、设计、生产、销售于一体的大型专业生产大红酸枝精品家具的龙头骨干企业。是浙江省著名商标、浙江省知名商号、浙江名牌产品、东阳市市长质量奖、市长科技创新奖品牌企业。

御乾堂红木作品参加各种全国性展会，屡获大奖。公司以弘扬工匠精神追求卓越品质，传承红木文化，打造百年企业为宗旨。

御乾堂红木家具由亚太地区手工艺大师、中国工艺美术大师冯文土先生领衔设计、雕刻，严格把关每件家具按照国家标准生产，东作榫卯结构制作，选材精良、做工精细、雕刻精美，每件作品出具"一卡、一证、一书"并有国家权威检测机构检验证书，具有极高的艺术价值、鉴赏价值和收藏价值。

厂址：东阳市城南西路218号　电话：13967437888

中華禾作 **精品书系**
绿色文化传播及设计创意服务平台

第一本系统讲述木材药用价值的著作！
木材养生，天人和一。

书名：木性药考——中国传统家具用材的药用价值研

作者：周京南（故宫研究院 研究员）

书号：978-7-5038-8110-7

定价：98.00 元

出版：中国林业出版社

木海泛舟，波涛浩荡，索隐探奥，见微知著。
一本书，多个角度管窥中国传统家具史！

书名：木海探微——中国传统家具史研究

作者：周京南（故宫研究院 研究员）

书号：978-7-5038-8702-4

定价：98.00 元

出版：中国林业出版社

家具设计界的新华字典！
家具人必备的工具书！

书名：家具设计辞典

作者：胡景初（中国高等院校家具设计专业 创始人）

书号：978-7-5038-5617-4

定价：56.00 元

出版：中国林业出版社

中式生活设计与美学，看这一本就够了！

书名：中式家具与软装配饰（第二版）

作者：孔文玉（资深红木行业玩家）、李岩（红木行业知名作者）

书号：978-7-5038-8787-1

定价：398.00 元

出版：中国林业出版社